O TRABALHO DA TERRA

Ellen F. Woortmann
Klaas Woortmann

O TRABALHO DA TERRA

A LÓGICA E A SIMBÓLICA DA LAVOURA CAMPONESA

EDITORA
UnB

Direitos exclusivos para esta edição:
EDITORA UNIVERSIDADE DE BRASÍLIA
SCS Q.02 - Bloco C - Nº 78 - Ed. OK - 2º andar
70300-500 - Brasília - DF
Fax: (061) 225-5611

Impresso no Brasil

SUPERVISÃO EDITORIAL
Airton Lugarinho
EDITOR
Marcelo Carvalho de Oliveira
PREPARAÇÃO DE ORIGINAIS
Sonja Sampaio
REVISÃO
Sonja Sampaio e João Martins
ACOMPANHAMENTO EDITORIAL
Joelita de Freitas Araújo
EDITORAÇÃO ELETRÔNICA
Maurício Sabino de Araújo Rocha e Raimunda Dias
CAPA
Carlos Magno
SUPERVISÃO GRÁFICA
Elmano Rodrigues Pinheiro

ISBN: 85-230-0459-9

Ficha catalográfica elaborada pela Biblioteca Central
da Universidade de Brasília

Woortmann, Ellen.
W917 O trabalho da terra: a lógica e a simbólica da lavoura camponesa. / Ellen Woortmann e Klaas Woortmann. — Brasília : Editora Universidade de Brasília, 1997.
192 p.

1. Antropologia cultural. 2. Vida familiar. 3. Camponeses. I. Woortmann, Ellen Fensterseifer. II. Título.

CDU 39:323.325
392.3

SUMÁRIO

INTRODUÇÃO

Esta é uma etnografia do tipo tradicional. Seu objetivo é analisar o processo de trabalho agrícola de camponeses nordestinos, buscando revelar sua lógica interna. Tal processo é visto como organização de espaços e combinação de espécies e variedades vegetais, formando ecossistemas construídos com base em modelos de saber e de conhecimento da natureza — uma espécie de "ciência do concreto" que fundamenta a prática da lavoura.

Esse saber, contudo, é mais do que um conhecimento especializado para construir roçados: ele é parte de um modelo mais amplo de percepção da natureza e dos homens.

Por outro lado, o processo de trabalho possui dimensões simbólicas que o fazem construir não apenas espaços agrícolas, mas também espaços sociais e de gênero, e essas formas de simbolizar são outro objetivo de nossa análise. O significado simbólico do trabalho e o modelo de saber não são dimensões separadas, embora possam operar em registros distintos. Em conjunto, constituem uma forma de ver o mundo.

Sendo uma etnografia, buscamos, nesses dias de desconstrução, a percepção sistêmica que os próprios sitiantes têm da natureza, embora entre eles haja controvérsias e embora sistemas, em qualquer parte, não sejam inteiramente coerentes. Sendo tradicional, nela incluímos muitos detalhes resultantes de observações de campo, que, acreditamos, poderão ser úteis a leitores que desejem levar a análise mais adiante. São, ademais, ao que saibamos, originais. Seguimos, assim, o exemplo clássico de Malinowski.

Nosso trabalho baseia-se em dados de campo obtidos no início dos anos 1980 em vários municípios do estado de Sergipe, principalmente os de Itabi e Ribeirópolis, no contexto de um programa de pesquisas patrocinado pelo INAN (Instituto Nacional de Alimentação e Nutrição), que visava a identificar problemas ligados ao estado nutricional dos "produtores de baixa renda". Visitando roçados e fazendo perguntas a *sitiantes*, termo local que designa aqueles pequenos produtores, camponeses da região, tentamos alcançar a inteligência dos modos de cultivar a terra.

O trabalho de campo foi realizado num momento ao mesmo tempo negativo e positivo. Ele coincidiu com uma das várias secas que atormentam os lavradores nordestinos. Foi, portanto, um momento extremamente negativo para os sitiantes, notadamente os de Itabi, mais próximo do sertão do São Francisco. Mas, por ser um momento crítico, ele se aproximou de uma "crise reveladora",[1] o que fez com que os sitiantes falassem de coisas que possivelmente não falariam em circunstâncias normais, como a seca em face da condição humana.

A circunstância da seca fazia com que muitas vezes os homens, ao invés de estarem na roça, ficassem em casa, o que inibia a conversa com mulheres. Mas fazia também com que ficassem no terreiro ou mesmo na rua da cidade, ou no sindicato, e que tivessem tempo livre para gastar conosco em conversas sobre o trabalho. Talvez porque não pudessem trabalhar, gostavam de falar do trabalho.

Por outro lado, como marido e mulher, podíamos agir como um *workteam*, um falando com homens e a outra com mulheres. Depois de algum tempo, porém, a pesquisadora pôde passar a freqüentar espaços masculinos, como a roça e o pasto, mesmo porque, por mais aceita que fosse pela comunidade, não deixava de ser "de fora". O mesmo nunca se aplicou, de forma plena, ao pesquisador. Podia freqüentar a cozinha, mas não podia falar sobre "assuntos de mulher" com as mulheres.

Nossas observações de campo foram realizadas em diversos contextos locais: nos escritórios de extensão rural da Emater-SE; nas sedes dos sindicatos de trabalhadores rurais que, paradoxalmente, congregavam tanto os assalariados quanto os sitiantes que assalariavam, ambos percebidos em oposição aos fazendeiros pecuaristas; nas feiras semanais, excelentes ocasiões para obter informações, mas que nos acordavam de madrugada quando um vendedor de "lombrigueiro", em frente à nossa janela, conclamava o povo a assistir à "peleja do Teiú com a cobra Tereza", que prometia ser a luta do século; e principalmente nos sítios.

Em cada um desses contextos locais ocorriam discursos distintos e, muitas vezes, contraditórios. Os extensionistas davam-nos informações valiosas sobre técnicas agrícolas, mas estavam em conflito aberto com os sindicatos, visto que disputavam um mesmo "campo" de poder e estes últimos temiam perder a ascendência sobre sua clientela. E conflitavam também com sitiantes individuais. Numa ocasião, um sitiante ficou esperando na calçada da rua, em frente ao escritório local da Emater, até que saíssemos. Fez questão de nos levar até seu

[1] Cf. Marshall Sahlins, *Stone age economics*.

sítio, porque "dentro da Emater não vão saber como é que a situação é de verdade".

Nos sindicatos ouvíamos discursos políticos. Públicos, os discursos feitos pelo presidente ou secretário dirigiam-se menos a nós que aos trabalhadores rurais presentes. No entanto, foi aí que encontramos um de nossos melhores informantes, um presidente de sindicato, cujo sítio visitamos diversas vezes e onde nos ensinou seu saber. Mas foi só no sítio, e nunca no sindicato, que esse saber foi revelado, não porque fosse secreto, mas porque sindicato e sítio envolviam registros de discurso distintos. O trabalho tinha significados distintos num e noutro espaço: no sindicato, ele expressava o conflito com os pecuaristas; no sítio significava o saber-fazer. No sindicato, seu presidente verberava publicamente contra a Emater; em seu sítio, experimentava privadamente técnicas de plantio "solteiro"[2] difundidas pelos extensionistas.

O trabalho de campo foi feito em duas etapas. Na primeira, fizemos uma "viagem de reconhecimento", percorrendo vários municípios (Simão Dias, Porto da Folha, Gararu, Gracho Cardoso, Malhador, Moita Bonita, Itabi e Ribeirópolis) e recolhendo informações nas agências locais da Emater e nos sindicatos. Falamos também com pequenos produtores em circunstâncias informais.

A partir daí, formamos um quadro provisório do que perguntar e observar na segunda etapa, quadro esse modificado pela própria experiência nesta última, quando realizamos entrevistas prolongadas e convivemos com famílias de sitiantes. Foi esse convívio que abriu caminho para a percepção de valores e chamou nossa atenção para categorias de pensamento e de ação, sistematicamente exploradas nas entrevistas.

Para realizar nossa análise, complementamos nossas observações de campo com outras etnografias, com o intuito menos de comparação que de interlocução e preenchimento de lacunas de nosso próprio trabalho de campo.

* * *

O processo de trabalho é uma forma de atuação inteligente, resultado de projeto criado a partir de um modelo pensado em termos de

---

[2] Plantio "solteiro" designa um sistema de plantação no qual, numa mesma área, é cultivada apenas uma variedade de um produto, via de regra com sementes selecionadas, adquiridas na Emater.

uma concepção global, que inclui todos os passos de sua atuação. Assim, a relação entre o homem e a natureza na produção agrícola tem existência ideal, construída já antes na mente de quem o executa, permitindo a antecipação do resultado esperado.

O processo de trabalho faz-se, de um lado, a partir de uma idealização da natureza. Em outros termos, não existe uma natureza em si, mas uma natureza cognitiva e simbolicamente apreendida. De outro lado, ele se faz no interior de um processo de relações sociais que transforma a natureza. Para entendermos a construção do roçado, precisamos conhecer tanto o modelo cultural quanto o processo histórico da sociedade, pois não existe uma natureza independente dos homens: ao longo do tempo a natureza é transformada, inclusive pelo próprio processo de trabalho. Transforma-se também o acesso a ela e são recriadas categorias sociais específicas.

O processo de trabalho dá-se pela articulação de forças produtivas com relações sociais de produção. A noção de forças produtivas, tal como é utilizada pela sociologia, significa o conjunto de fatores de produção: recursos disponíveis, homens e instrumentos de trabalho. Os elementos desse conjunto se combinam de maneira específica em cada sociedade específica, ou em cada momento histórico de uma sociedade, para produzir o que ela necessita. Contudo, nem os recursos, nem os instrumentos e os homens existem socialmente sem a cultura. É o saber que permite usá-los e é a cultura que lhes dá significado, inclusive para mais além da materialidade ou da instrumentalidade prática do trabalho.

A noção de relações de produção refere-se às funções preenchidas por indivíduos e grupos no processo de produção e no controle dos fatores e meios de produção. Embora essa noção esteja geralmente vinculada à idéia de classes sociais, podemos dar-lhe um outro sentido, voltado para as relações que se estabelecem no interior do grupo social específico que realiza a produção; no caso do trabalho camponês, a unidade familiar. Essas relações são de hierarquia e de gênero.

Maurice Godelier, a partir de uma concepção marxista do trabalho, refina a noção de forças produtivas, percebendo-as como

> (...) os meios materiais *e intelectuais* que os membros de uma sociedade implementam, dentro dos diferentes processos de trabalho, a fim de trabalhar a natureza e extrair dela os seus meios de existên-

> cia, transformando-a, assim, em natureza socializada (grifos do autor).[3]

Os meios intelectuais podem ser entendidos como os modelos de saber pelos quais e com os quais o homem age sobre a natureza. Os meios materiais só existem socialmente a partir dos meios intelectuais, e é por intermédio destes que a natureza se torna socializada. Há como que um "trabalho das idéias" que antecede e informa o trabalho "material". O primeiro transforma o mundo desconhecido num ordenamento cognitivamente apreendido, permitindo ao segundo transformar a natureza em espaço de cultivo.

É o que Godelier chama de realidade ideal. No cerne mesmo das relações "materiais" que o homem estabelece com a natureza, opera um complexo de representações — as realidades ideais, expressas em códigos lingüísticos que as tornam sociais — cuja presença é essencial para a realização de qualquer atividade material.

Os meios intelectuais são o saber e este é um código lingüístico reproduzível pela transmissão e pelo aprendizado. Sua reprodução — que pode ser uma "reprodução ampliada", pois o corpo do saber incorpora continuamente novos elementos — é parte integrante da reprodução do grupo social.

A transmissão dos meios intelectuais de abordar a natureza é, ela mesma, um instrumento de trabalho — o trabalho do saber — com um método pedagógico que acompanha o iniciando e sobre ele opera, criando ao mesmo tempo um trabalhador pelo saber "técnico", capaz de produzir, e criando idade e gênero, pois é simultaneamente saber simbólico.

No campesinato que aqui estudamos, a transmissão do saber para o trabalho faz-se no próprio trabalho — pois o saber é um saber-fazer, parte da hierarquia familiar — subordinado ao chefe da família, via de regra o pai. Se é este quem *governa* o trabalho, como dizem os sitiantes, é ele também quem governa o fazer-aprender. A transmissão do saber é mais do que transmissão de técnicas: ela envolve valores, construção de papéis, etc.

Para Emmanuel Terray[4] o conhecimento social, necessário para a reprodução da estrutura social como um todo, distingue-se do conhe-

---

[3] Maurice Godelier, *Racionalidade e irracionalidade na economia,* p. 329.

[4] Sobre o assunto, cf. *Marxism and "primitive societies"*.

cimento técnico, por ele visto como secundário, de menor importância, o que parece incoerente.

A produção é central para a reprodução do grupo, visto como um todo, e para cada grupo doméstico específico que a realiza, que é também a unidade de reprodução da força de trabalho. Se a produção é central para a reprodução, e se é pelo trabalho que se constrói a família, é pelo saber "técnico" que ela se faz e é o controle sobre esse saber que faz a hierarquia do grupo doméstico. Exerce-se o poder porque se detém o saber. Na hierarquia da unidade produtiva, o pai de família (no plano público) governa a família porque governa a produção; governa o processo de trabalho porque "domina" o saber. O saber "técnico" é, portanto, fundamental para a reprodução da estrutura social.

Associado a ritos de passagem, é esse domínio do saber trabalhar que torna o homem, no sentido de um adulto pleno, capaz de constituir nova família. Constituir-se como "força plena", para usar de forma ampliada a expressão de Jerzi Tepicht,[5] não é apenas uma questão de força física relacionada à idade; não se restringe tampouco a ser capaz de participar de todas as etapas do processo de trabalho. Ser constituído como força plena, o que só ocorre se reconhecido como tal pela coletividade, implica dominar intelectivamente, a partir de sistemas de saber culturalmente específicos, o modelo ideal como um todo, de forma a já poder ver, no início do processo de trabalho, o seu resultado final. É saber como e por que fazer. Nesse sentido, não é a idade que faz o homem pleno ou a força plena, mas é o saber pleno que faz a idade enquanto constructo social.

Ao final do processo de trabalho, surge um resultado que já tinha existência ideal na mente do trabalhador. Nesse ponto, como em outros que não interessa aqui discutir, o saber-fazer camponês, globalizante, distingue-se radicalmente do processo de trabalho operário sob o capital, fragmentado, em que o trabalhador se assemelha, no dizer de Karl Marx,[6] à abelha. O trabalhador industrial não é apenas separado dos meios de produção. Num processo repetitivo, em que domina apenas uma etapa do processo produtivo, ele é também separado do modelo global referido. Conhecimento e força de trabalho operam separadamente, na medida em que o primeiro é "propriedade" do

[5] Cf. a obra *Marxisme et agriculture: le paysan polonais.*

[6] Sobre o assunto, cf. a obra *Le capital.*

capital. O trabalhador não é separado apenas dos meios de produção no plano material, mas também do saber que informa a produção. Saber é poder.

Em contraste, o processo de trabalho camponês é consciente. O "pai-patrão" não é o equivalente de um empresário moderno, por ser o detentor do saber. Ele é o detentor de um saber que o autoriza a *governar* o processo de trabalho, isto é, a dirigir o trabalho da família. Esse saber é transmitido à "força de trabalho", aos filhos que, ao trabalhar, estão-se constituindo também em "conhecedores plenos". Ademais, entre os sitiantes, governar é um processo ideológico: filhos, após certa idade, conhecem o processo de trabalho tanto quanto o pai, como o fazem também as mulheres ou os eventuais assalariados.

Para se reproduzirem, os camponeses produzem mercadorias, mas a produção de mercadorias é antecedida logicamente pela produção de bens, e esta, por sua vez, é antecedida pela produção-reprodução de bens simbólicos que constituem o corpo do saber.

A etnologia das sociedades "primitivas" tem enfatizado a presença de um saber próprio que não se confunde com uma razão prática, embora conduza a resultados práticos, como os alimentos a serem comidos. Ele se aproxima de um modelo cognitivo "holístico", um modelo de ordenação do mundo e, nele, da natureza sobre a qual se trabalha.

Nossa etnografia sugere que o mesmo pode ser dito com relação a camponeses. Se os modelos do saber por meio dos quais se trabalhava foram objeto privilegiado das etnologias de povos indígenas, isto não ocorreu nos estudos sobre o campesinato, embora com freqüência se fale de um "conhecimento camponês". Seguindo o caminho aberto por Alexander Chayanov, foram vários os estudos, inclusive no Brasil, que desvendaram a lógica econômica da produção camponesa, como, por exemplo, os de Laís Mourão Sá, Beatriz Heredia, Afrônio Garcia Jr., José Vicente Tavares dos Santos e outros.[7] Suas análises, contudo, tomam o trabalho já feito, o resultado do processo de trabalho, enquanto nosso interesse está no trabalho em processo e nas idéias que o antecedem.

Na maioria dos estudos sobre o campesinato, pouca ou nenhuma atenção foi dada ao saber camponês sobre os solos e as plantas, visto

---

[7] Os estudos citados encontram-se, respectivamente, nas obras: *The theory of peasant economy; O pão da terra; A morada da vida; Terra de trabalho; Os colonos do vinho*, cujas referências bibliográficas completas estão relacionadas no final deste livro.

como sistema cognitivo, parte de um modelo mais abrangente. Ou ele é apresentado como uma prática fragmentada, ou é implicitamente negado como saber autônomo, ou é visto apenas como um saber degenerado, remanescente anacrônico de uma tradição civilizatória que se transformou: uma "pequena tradição", como diria Robert Redfield.[8] Alternativamente, em vez de um saber camponês, fala-se de uma rotina camponesa que se opõe à inovação,[9] ou, nas palavras de Chayanov, de um "instinto camponês".

O estudo do saber como um sistema permite-nos perceber o campesinato como produtor de categorias de apreensão do real e permite ainda entender o processo de trabalho sob novas perspectivas. Retomemos Godelier:

> (...) produzir é combinar, segundo certas regras, técnicas, recursos, equipamento e homens para obter um produto utilizável socialmente (...). As matérias-primas dependem do estágio tecnológico do equipamento *e do know-how que as torna exploráveis*. Reciprocamente, o instrumental e o *know-how* exprimem a adaptação a um certo tipo de recursos exploráveis. *Não há, portanto, recursos em si, mas possibilidades de recursos oferecidos pela natureza no quadro de uma dada sociedade* (...).
>
> *Toda a exploração de recursos supõe, portanto, um certo conhecimento das propriedades dos "objetos" e de suas relações essenciais em certas condições* (os grifos são nossos).[10]

Esse conhecimento é definido por Godelier como uma espécie de "ciência do concreto". O que queremos é revelar os princípios em que ele se assenta e as práticas de produção nele baseadas, numa forma camponesa específica. Esses princípios informam estratégias dinâmicas e orientam seletivamente a incorporação de conhecimentos e práticas novas, como "respostas" a mudanças no ambiente natural e social.

O modelo ideal a que se refere Godelier deve, a nosso ver, ser entendido nos termos do que significa o real em cada cultura. Para os trobriandeses, a magia da agricultura é parte das "forças produtivas" concebidas por aquela sociedade, tanto quanto o é a ciência dos solos no Ocidente moderno, pois, para aqueles insulares descritos nos clás-

[8] Sobre o assunto, cf. *The little community/Peasant society and culture.*

[9] Cf. Henry Mendras, *Sociedades camponesas.*

[10] Maurice Godelier, *Racionalidade e irracionalidade na economia,* p. 328.

sicos etnográficos de Pronislaw Malinowski,[11] as bruxas são reais. O saber mágico e as crenças religiosas, para os trobriandeses, tanto quanto para os sitiantes (benzer o pasto e o gado ou recorrer aos santos, por exemplo), são tão necessários quanto o saber "técnico", e conhecê-los é fundamental para que o antropólogo possa dar sentido ao esforço produtivo.

Queremos de outro lado mostrar que, ao trabalhar a terra, o camponês realiza outro trabalho: o da ideologia, que, juntamente com a produção de alimentos, produz categorias sociais, pois o processo de trabalho, além de ser um encadeamento de ações técnicas, é também um encadeamento de ações simbólicas, ou seja, um processo ritual. Além de produzir cultivos, o trabalho produz cultura.

O processo de trabalho é um procedimento técnico, mas cada cultura tem procedimentos técnicos, formas de saber e construções simbólicas específicas. Como disse Edmund Leach:

> From the observer's point of view, actions appear as means to ends, and it is quite feasible to follow Malinowski's advice and classify social actions in terms of their ends — i.e. the "basic needs" which they appear to satisfy. But the facts which are thereby revealed are technical facts; the analysis provides no criterion for distinguishing the peculiarities of any one culture or any one society. In fact, of course, very few social actions have this elementary functionally defined form. For example, if it is desired to grow rice, it is certainly essential and functionally necessary to clear a piece of ground and sow seed in it. And it will no doubt improve the prospects of a good yield if the plot is fenced and the growing crop weeded from time to time. Kachins do all these things and, in so far as they do this, they are performing simple technical acts of a functional kind. These actions serve to satisfy "basic needs". But there is much more to it than that. In Kachin "customary procedure", the routines of clearing the ground, planting the seed, fencing the plot and weeding the growing crop are all patterned according to formal conventions and intersped with all kinds of technically superfluous frills and decorations. *It is these frills and decorations which make the performance a Kachin performance and not just a simple funcional act.* And so it is with every kind of technical action; there is always the element which is funcionally essential, and another element which is simply the local custom, an aestetic frill (...). It seems to me, however, that

[11] Cf. as obras *Os argonautas do Pacífico Sul* e *Coral gardens*.

> it is precisely these customary frills which provide the social anthropologist with his primary data (...). They are symbolic actions, representations. *It is the anthropologist's task to try to discover and to translate into his own technical jargon what it is that is symbolised or represented.* (os grifos são nossos).[12]

Os *frills* e *decorations* levam-nos à especificidade cultural. Resta saber se são *frills* e *decorations* ou se são, na perspectiva dos "nativos", componentes centrais do próprio processo de trabalho. Ademais, certos procedimentos "técnicos" não são apenas técnicos: para os sitiantes que estudamos, cercar as roças é um ato social, imposto por um processo histórico conflitual que marca diferenças sociais. Outros, se são "técnicos", são igualmente simbólicos, e interessa-nos saber o que eles estão construindo enquanto trabalho ideológico.

* * *

O processo de trabalho, quando falado, é mais do que uma seqüência de ações técnicas. Quando comunicado a nós, pela fala, torna-se um processo discursivo, ganhando com isso múltiplos significados. Devemos notar que as atividades produtivas foram em parte observadas, com a paciente orientação dos sitiantes, em visitas aos roçados. Contudo, o espaço do roçado só se tornou inteligível depois de explicado pelos sitiantes. Fomos com eles para a roça, o espaço do aprendizado por excelência. Assumindo a postura corporal de um professor, explicavam cada detalhe. Para que entendêssemos o sentido de diferentes variedades de mandioca, por exemplo, tínhamos de segui-los pelos vários espaços da roça, ver, tocar as plantas e ouvir sobre suas vantagens relativas, etc.

No campo, inclusive no sentido literal de campo da lavoura, fomos alunos dos sitiantes. Invertemos nossa posição em face da sala de aula, onde ensinamos. Lá, fomos ensinados e esperamos ter apreendido a mensagem que nos transmitiram para, por nossa vez, transmiti-la ao leitor. Temos consciência de nossas limitações nessa tentativa de tradução cultural. O saber dos sitiantes é um saber-fazer, e nós não "fizemos", isto é, não praticamos. Por outro lado,

---

[12] Edmund Leach, *Political systems of highland Burma*, pp. 11-12.

foi inevitável que tivéssemos apreendido a partir de nossa própria cultura "ocidental", urbana.

O processo de trabalho que não testemunhamos foi, no entanto, transmitido a nós pela fala daqueles camponeses. Eles nunca se furtaram a falar do trabalho, ao contrário do que ocorreu com os *moradores* de engenhos estudados por Lígia Sigaud.[13] Se para estes últimos o trabalho tinha uma conotação negativa, porque os tornava *sujeitos*, para os sitiantes era motivo de orgulho, porque parte da condição de *libertos*. Por isso gostavam de falar dele; estavam-nos ensinando algo de muita importância para eles, que ignorávamos.

Ao falar do trabalho, os sitiantes expressavam-se também sobre muitas outras coisas, para eles mesmos parte do trabalho. Falavam, por exemplo, do parentesco, de homens e mulheres, da comida, de Deus e dos homens. De fato, foi num estudo sobre a organização do sítio que Ellen F. Woortmann[14] obteve boa parte de seus dados sobre o parentesco, outra dimensão da vida dos sitiantes para o etnógrafo que precisa fazer cortes temáticos, mas a mesma para os sitiantes que o percebiam através do trabalho, categoria que tem, para eles, um significado bem mais amplo que aquele formalmente definido pelas ciências sociais. Para os sitiantes, trabalho, terra e família são indissociáveis e falar de um é falar dos outros.

Por isso, ao escrever sobre o trabalho, nós também escrevemos sobre outras coisas, evocadas no discurso deles quando pensavam suas atividades produtivas. Repetimos assim, na etnografia enquanto escrita, a seqüência da fala dos sitiantes, embora esta tenha sido editada por nós, o que é inevitável.

Queremos mostrar a especificidade do processo de trabalho dos sitiantes de Sergipe (e tudo que a ele associam), demonstrando também que ela é parte de uma tradição mais ampla. Antes disso, porém, é preciso colocar os sitiantes no contexto que a história lhes criou.

---

[13] Cf. "A nação dos homens", *Anuário Antropológico 78* (1980), pp. 13-114.

[14] Cf. "O sítio camponês", *Anuário Antropológico 81* (1983), pp. 164-203.

A HISTÓRIA DA TERRA

Desde o século XVIII vem o campesinato sergipano, como em outras áreas, defrontando-se conflitivamente com a grande propriedade.

Em larga medida, esse conflito girou em torno do uso das aguadas e das chamadas *soltas*, terras de uso comum, não apropriadas em caráter privado, e de importância central, no passado, para a reprodução social camponesa. A gradativa perda das soltas provocou uma série de mudanças nas práticas e estratégias dos sitiantes, que vão desde a organização do espaço do *sítio* [1] até o sentido do arrendamento.

A partir de 1850, com a promulgação da Lei de Terras, que instituiu a propriedade privada mercantil, intensificaram-se as disputas. Os sitiantes eram posseiros e não *proprietários*, termo reservado aos *fortes*, os antigos criadores e os atuais pecuaristas. Para os sitiantes, os direitos sobre a terra não passavam pelo cartório, mas derivavam do trabalho. Era a *terra de trabalho*, expressão que encerra um conjunto de significados morais.

A ausência de propriedade formal das terras por parte dos camponeses fez com que se configurasse um processo de expropriação e de limitação do acesso às soltas. Privatizadas estas últimas pelos proprietários, os sítios foram reduzidos em tamanho e a utilização, pelos camponeses, de boa parte das terras passou a ser possível apenas por meio do arrendamento.

A reação das autoridades locais aos novos tempos trazidos pela Lei de Terras é comentada por Francisco Carlos Teixeira da Silva:

> (...) entendemos a perplexidade das autoridades locais em face da exigência de se definir com clareza as áreas não ocupadas da região. Para elas a noção de "terra ocupada" é bastante mais ampla que a de terra com título de propriedade. Por isso é que afirmam que "o sollo de todo o município [Porto da Folha] he apreendido pelas posses", sem se preocuparem com o título legal. O início do ofício citado pa-

---

[1] A palavra *sítio* tem vários significados para os camponeses da região. Em seu sentido mais abrangente, ela designa um território fundado por um ancestral, ao qual têm direito os descendentes, segundo critérios de parentesco e desde que nele exerçam o trabalho. Em sentido mais restrito, designa uma parcela de terra da qual se é *dono* pelo trabalho exercido e onde se localiza a casa, lugar da família. É neste último sentido que o termo será empregado em nossa análise.

rece esclarecer um pouco mais: "Respondendo à circular de Vossa Excelência (...) cumpre-nos informar (...) que se existe algum terreno devoluto ou sem dono, ignora-se ainda sua situação, porquanto o sollo de todo o município e província he *pro-indivizo*" (os grifos são nossos).[2]

Contudo, se em 1858 se informava não existirem terras devolutas, mas sim terras de uso comum, em 1864 informa-se o oposto:

> A notícia de que tem chegado a esta província o engenheiro (...) em comissão do governo imperial, para medir os terrenos devolutos, suggere a esta Câmara a idéia de repetir a comunicação que já fez a esta Presidência (...), isto é, *que neste município há uma grande extensão de terras devolutas*. Convém acrescentar: 1º que é provável que nenhum outro município desta Província tenha terras devolutas em tão grande extensão, pois que, segundo uma apreciação aproximada, devem ellas abranger uma superfície de mais de duzentas léguas quadradas. 2º que a maior parte dessas terras não se acham ainda no domínio particular por qualquer título legítimo, nem foram havidas por sesmaria e outras concessões do governo geral ou provincial. 3º que a outra parte já se acha ocupada por posses que não foram legitimadas nem revalidadas em tempo algum (os grifos são nossos).[3]

Já em 1918, informa o prefeito de Gararu que

> não consta haver neste município terras devolutas. Existe sim uma na parte occidental do município e na parte noroeste grande quantidade de terrenos desocupados em que se encontra a maior ou menor distancia algumas fazendas de criação de gados e outras são cultivadas pelo povo que denomina terrenos em heréos sob o domínio dos habitantes (...) que também se dizem donos, *não posso porém afirmar se taes suppostos possuidores teem titulos hábeis das alludidas terras* (os grifos são nossos).[4]

O próprio governador de Sergipe, em 1923, produz um discurso em tudo igual ao do prefeito de Gararu:

---

[2] Francisco Carlos Teixeira da Silva, *Camponeses e criadores na formação social da miséria* (dissertação de mestrado), p. 27.

[3] Ofício da Câmara Municipal de Porto da Folha ao presidente da Província, datado de 8 de outubro de 1864. *Apud* Teixeira da Silva, *op. cit.*, p. 31

[4] *Apud* Teixeira da Silva, *op. cit.*, p. 208.

> Percorrendo o interior (...) se me depararam extensos trechos de terras que me informaram pertencentes a ereus, mas que pelas circunstancias de se ignorar os nomes dos donos e *não attestarem vestígios mínimos de posse, me pareciam inteiramente fora de qualquer domínio comum* (os grifos são nossos).[5]

"Vestígios mínimos" havia: os vestígios de um trabalho passado, único "título" legítimo para aqueles "ereus" (herdeiros) e donos, como veremos mais adiante. Mas não era no campo que os agentes do Estado buscavam vestígios e sim nos cartórios, e assim as terras de "ereus", os "quinhões" em comum foram deslegitimados. Se não se utilizou nessa expropriação a violência direta das armas, como no México,[6] utilizou-se a violência dos papéis.

O termo "soltas" muda de significado, passando a designar terras não cultivadas — soltas de criar gado — no interior das propriedades pecuaristas. As terras soltas, de símbolo de liberdade, tornam-se símbolo de subordinação.

Os sitiantes foram obrigados a cercar seus roçados para protegê-los do gado dos criadores e ainda em fins do século XIX decidiu-se que "fica desde já prohibido tirar-se madeira de qualquer natureza ou fazer-se roças nas imediações das fazendas de creação, sem autorização prévia do dono da mesma fazenda".[7]

Apesar das pressões, o campesinato sobreviveu, pois tratava-se menos de eliminá-lo que de subordiná-lo, mesmo porque era a sua lavoura que "afinava a capoeira" e criava as melhores pastagens no interior da propriedade pastoril.

Mas há diferenças entre a região mais para o sertão, onde se localiza Itabi, antigamente pertencente a Porto da Folha, e a região das antigas Mattas de Itabaiana, onde se localiza Ribeirópolis e onde a pequena lavoura de sitiantes encontrou maiores possibilidades de reprodução.

Desde o século XVIII já se desenvolvia nas Mattas de Itabaiana a lavoura. Nas "mattas frescas" de terras férteis se produzia "toda qualidade de legumes e algudões entanto, e maior abundância que qual quer hum lugar desta Província".[8]

---

[5] *Id. ibid.*, p. 209.

[6] Cf. M. Frizzi, "La agricultura en la época colonial", em Tereza Rojas Rabiela (org.), *La agricultura en tierras mexicanas desde sus orígenes hasta nuestros dias.*

[7] *Apud* Teixeira da Silva, *op. cit.*, p. 212.

[8] Ofício da Câmara de Itabaiana ao presidente da Província, datado de 17 de novembro de 1828. *Apud* Nunes, "A ocupação territorial da Vila de Itabaiana: a disputa entre

Da combinação de lavouras, criatório de gados e engenhos de cana-de-açúcar resultaram conflitos, pois sobre a região avançava o gado transferido do sertão durante as secas, criado à solta, e se expandia também o gado dos engenhos que necessitavam de grande quantidade de cavalos e bois, como mostra Santana de Almeida.[9]

Em 1799, o ouvidor de Sergipe recebe ordens para demarcar terras, separando aquelas propícias à lavoura das adequadas ao criatório. Mas o conflito demorou a ser solucionado, pois em 1827 ainda se insistia que

> a ser permitida a creação de Gados nas ditas terras para o que não são próprias, arruinar-se-ha inteiramente a lavoura, decerto muito poderoza n'aquele termo, e principal fonte de sua prosperidade e abastança, visto a impossibilidade de ser feita em cercados pelas razões com verdade expedidas na mencionada suplica (...) em tal caso aquela Villa, que pela Agricultura tem ido em progressivo augmento, irá immediatamente em deperecimento à falta de generos de permuta no mercado ou feira que semanariamente, depois da faculdade de plantar em aberto, ha muitos annos se acha ali estabelecida.[10]

Contrariamente ao que ocorria no sertão de Porto da Folha, contudo, a Câmara de Itabaiana reconhecia, em 1828, que a obrigação de cercar os roçados onerava o lavrador. Sendo de madeira, as cercas não eram facilmente transportáveis de um local para outro, quando se deslocava o roçado e, em 1830, decide-se pela proibição do criatório de gado solto em áreas consideradas próprias para a lavoura, isto é, em suas "mattas frescas".

Não se conclua, todavia, que tal vitória tenha sido a dos fracos contra os fortes, num movimento social camponês. Embora pequenos lavradores estivessem presentes, a liderança e os maiores interesses em jogo não foram os dos "pequenos". Em 1818, a luta foi encabeçada por José Matheus das Graças Leite Sampaio, capitão-mor das ordenanças de Itabaiana e "o mais importante senhor de terras da Villa e um dos

---

criadores e lavradores", *Anais* do VIII Simpósio Nacional dos Professores de História, p. 411.

[9] "Nota prévia sobre a propriedade canavieira em Sergipe", *Anais* do VIII Simpósio Nacional de Professores de História, pp. 483-510.

[10] Ata da sessão do Conselho de Governo da Província, datada de 30 de janeiro de 1827. *Apud* Nunes, *op. cit.*, pp. 415-416.

mais destacados da Província".[11] E anteriormente era o movimento liderado pelo padre Alexandre Pinto Lobão, "importante agricultor da vila de Itabaiana e membro destacado de sua Câmara".[12] Mas se os pequenos sitiantes não lideraram o movimento, dele se beneficiaram. Eram eles que produziam os cereais que iriam constituir os "generos de permuta no mercado ou feira que semanariamente, (...) ha muitos annos se acha ali estabelecida".

Contudo, o processo de fechamento das soltas também aí se realizou, só se completando, porém, em meados do nosso século, com a chegada do arame farpado. Em Ribeirópolis terras *abertas* ainda existiam na década de 1920. Como dizia um sitiante:

> Nesse tempo que eu alcancei não era como agora, não tinha um fio de arame. Só tinha era uma solta para os lados do Janjão e outra do Totó do Chico, o resto era aberto. Alcancei saindo da rua até a casa do meu pai na mata sem ver uma cerca. As que tinha era para segurar a criação e o gado para não entrar na roça. Mas essas eram cercas de madeira, cercas de fraco.

As cercas de madeira, "cercas de fraco", eram testemunhas de que o gado dos fortes continuava ameaçando as roças. Na região das Mattas de Itabaiana, contudo, as pressões dos pecuaristas eram menores que no sertão. Por isso, por estar a região a salvo das secas e pela presença das terras de *malhada*, cujo significado será visto mais adiante, os camponeses tiveram melhores possibilidades de reprodução.

Em todos os lugares, porém, tiveram fim as terras soltas. Equivalentes às "largas" do Brasil Central e aos "faxinais" do Sul, eram de uso comum e nelas podiam-se constituir, pelo trabalho, novos sítios. Até recentemente existia uma "larga" nas vizinhanças de Brasília, no lugar mesmo onde se erigiu, em 1922, a "pedra fundamental" (marco do centro geodésico do Brasil) do que seria mais tarde a capital federal. Hoje um espaço tombado pelo Estado, continua permanecendo na concepção da população local mais antiga como uma "larga" para onde tanger seu gado.

Em todo o País, essas terras eram a base da formação de um campesinato que prescindia da propriedade privada e que coexistia com as formas hegemônicas de exploração agropecuária, como as *plantations*

---

[11] *Apud* Nunes, *op. cit.*, p. 415

[12] *Id. ibid.*, p. 412

açucareiras. Se no próprio interior do universo escravista existia uma "brecha camponesa",[13] as soltas formavam como que um substrato invisível da condição camponesa. Nelas se constituíram, em vários casos, *terras de parente*, como aquelas ocupadas por "ereus em comum", constantes dos ofícios de autoridades sergipanas. Embora guardem características distintas das *terras de santo* ou das *terras de negro*,[14] têm em comum com estas constituírem "territórios" camponeses.

As terras soltas eram *terra liberta* e configuravam, há séculos, frentes de expansão camponesas, tal como ocorreu mais recentemente na Amazônia. Hoje, no Nordeste, quase só resta como "terra liberta" o mar, assim categorizado por pescadores, que se percebem livres quando contrastados aos trabalhadores agrícolas.[15] Mas, mesmo pescadores, como no litoral do Rio Grande do Norte, utilizavam trechos de terra próximos à praia como soltas. Ocorrendo sua expropriação por grupos econômicos a partir de 1950 (um século após a Lei de Terras), conseguiram, numa localidade, com o apoio da Igreja Católica, legalizá-las como terras de apropriação comunal. Ironicamente, utilizaram a mesma arma que durante mais de um século serviu para a expropriação: o documento cartorial.

Desaparecidas as soltas em Sergipe, alteraram-se as práticas de reprodução social do campesinato local. Cada vez mais cercadas pela grande propriedade, esta passou mesmo a denominá-las, por ser limítrofe, em substituição aos nomes derivados de acidentes naturais: "solta do travessão do Noca" (marco do limite de uma propriedade), "solta de Maria dos Índios", por exemplo. As formas de nominação expressam simbolicamente as formas de apropriação da terra. Antes designadas por fatos da natureza, eram do domínio da "natureza de Deus". Passando a ser designadas pelo domínio privado dos homens, já se afigurava seu gradativo desaparecimento como nichos livres para a reprodução camponesa.

Num momento específico e numa área restrita, sitiantes conseguiram reconstruir o modelo tradicional de uso da terra. Foi uma "minirreforma agrária" organizada pelo sindicato de trabalhadores

[13] Cf. Maria Yedda Leite Linhares e Francisco Carlos Teixeira da Silva, *História da agricultura brasileira*.

[14] Ver Alfredo Wagner P. de Almeida, "Terras de preto, terras de santo, terras de índio: posse comunal e conflito", *Humanidades 15* (1988), pp. 42-48

[15] Cf. Simone Dantas Carneiro, *Terra liberta: hábitos alimentares em Ponta do Mato* (dissertação de mestrado).

rurais de Malhador. Adquiridos cerca de duzentos hectares, a área foi dividida em lotes menores de *malhada* e lotes maiores de *chão de roça*, termos que serão analisados mais adiante. E, além desses lotes, demarcou-se uma área de soltas, para uso comum de criatório e extração de lenha. Mas foi apenas um arremedo do passado, pois se essas soltas eram de uso comum, não eram espaço por onde se podiam expandir novos sítios, como no tempo em que a terra era liberta.

O espaço camponês encolhe significativamente, mas as soltas continuam a povoar a memória, como condição de ser *liberto*.

A ETNOGRAFIA DO PROCESSO DE TRABALHO

As transformações históricas acima descritas modificaram o espaço no qual se moviam os sitiantes, assim como sua percepção. O processo de *enclosure* das terras de livre acesso não só limitou suas possibilidades de reprodução social, como também modificou o espaço interno do sítio. É este espaço que agora examinamos.

O lugar do trabalho

O sítio é o lugar do trabalho por excelência. Mas ele é igualmente o resultado do trabalho, pois é um espaço construído; melhor dizendo, um conjunto de espaços articulados entre si, que lhe permite organizar-se como um sistema de insumos e produtos. Esse espaço é o resultado, também, de um processo histórico secular em que o ambiente foi alterado, com a gradativa eliminação da cobertura vegetal original e de todo o ecossistema que lhe era associado. A organização espacial do sítio foi analisada em detalhe por Ellen F. Woortmann,[1] e aqui a descrevemos de maneira resumida.

Idealmente, na região estudada, o sítio se compõe dos seguintes espaços: o mato, a capoeira, o chão de roça e/ou a malhada, o pasto, a casa de farinha, a casa e o quintal.

O mato designa uma área cuja cobertura vegetal nunca sofreu derrubada, ou em que esta ocorreu há muitas décadas. É o espaço inicial que dá lugar ao roçado.

Devemos notar que o ambiente natural tem um significado distinto para sitiantes e para grandes proprietários. Para os últimos, o mato é algo a ser removido, para ser substituído pelo capim. Para os primeiros, é algo a ser preservado, como parte mesmo do espaço de trabalho, ou utilizado apenas à medida das necessidades de reprodução social. Se a lavoura camponesa é de queimada e coivara, tão condenadas, ela o é no interior de uma percepção do trabalho e da natureza que busca o equilíbrio. Tal equilíbrio era possível com a utilização das soltas num processo de rotação de terras com roçados de pequenas dimensões, por

[1] Cf. "O sítio camponês", *Anuário Antropológico 81* (1983), pp. 164-203.

isso mesmo, auto-regenerador. Era compatível, também, com o criatório solto. Na verdade, o processo de trabalho tradicional, combinando lavoura e criatório, produzia um movimento cíclico em que a natureza se tornava espaço de lavoura para voltar a ser natureza.

Para os sitiantes é motivo de orgulho o fato de poder deixar a terra "descansar". Num caso, deixou-se a terra em "descanso" durante 35 anos, legando aos filhos um espaço "reflorestado" naturalmente, para que o trabalho pudesse reiniciar num novo ciclo na geração seguinte. Para os sitiantes, a relação com a natureza é uma troca respeitosa.[2]

A capoeira, enquanto pastagem para o gado, era considerada superior ao mato pela presença de gramíneas e pela vegetação mais aberta. Por outro lado, recultivar um trecho deixado em pousio durante alguns anos — a capoeira — era mais vantajoso que derrubar novo trecho de mato, pois envolvia menores insumos de trabalho e resguardava a reserva de madeira.

Com a gradativa redução da área dos sítios, o mato e a capoeira tornam-se um recurso crescentemente escasso, dificultando não só a criação de gado, mas a própria lavoura, visto que são áreas de pousio. Com isto, vai também desaparecendo o *ley system*[3] com seu ciclo característico de cultivo–forragem–pousio–cultivo.

A partir de 1950 surgem as pastagens plantadas em substituição à capoeira; torna-se também mais freqüente o espaço da palma "pequena", tomando o lugar da variedade "grande", introduzida na década de 1920, substituta do mato como último recurso de alimentação do gado em face da seca, como conseqüência do cercamento.

Espaços naturais, o mato e a capoeira foram substituídos, pois, por espaços cultivados. São espaços que se sucedem, interligados num processo temporal: mato–capoeira–pastagem; mato–capoeira–palma.

---

[2] Essa concepção da relação com a natureza é semelhante àquela dos camponeses caboclos da Amazônia, expressa pela crença no "curupira", ser sobrenatural que pune os que superexploram a natureza. Como mostra Tatiana Lins e Silva, a não-punição dos ocupantes "modernos" da região que derrubavam a mata em proporções exageradas só podia ser explicada pelo fato de que "os curupira foram embora" (ver obra homônima). Para os colonos teuto-brasileiros do Sul, a presença da mata na propriedade "colonial" tem o significado, no contexto de uma "ética protestante", de poupança e de previsão, no sentido de assegurar recursos para a geração futura. A mata é parte do *patrimônio* (o que deve ser transmitido), cujo gerenciador é o chefe de família. O colono que se preza, para ser respeitado pelos demais, deve ter uma área de mata, símbolo de uma boa administração.

[3] Cf. Mireya Suárez, *Everlasting golden sertões* (dissertação de doutorado).

Entre cada um deles e o seguinte, medeia sempre a *roça*. Vale dizer que se sucedem sempre mediados pelo trabalho.

O mato é o ponto de partida de qualquer dos espaços do sítio. Após derrubado, torna-se roça, que se torna capoeira fina, que evolui para a capoeira grossa, que novamente se torna roça, até que, inviabilizado o rodízio de terras, o solo excessivamente "esmorecido" é coberto de pastagens ou palma.

Temos então, ao longo do tempo, um sistema dado pela articulação entre vegetação natural e lavoura, que é também uma articulação entre lavoura e criação. Na organização do sítio, observam-se duas variantes básicas de relações entre seus espaços constitutivos: o modelo de *chão de roça*, mais antigo e que demanda o pousio por longos anos, e o de *malhada*, de cultivo intensivo e mais recente.

No primeiro, extraía-se do mato ou da capoeira grossa a madeira para a construção da casa e da casa de farinha, assim como de seus equipamentos; extraía-se também a lenha, sem a qual não poderia ser produzida a farinha nem operar a cozinha. Do mato, obtinham-se também a caça, frutos silvestres e plantas medicinais.

O mato, na percepção "etnoecológica" dos sitiantes, representa não só uma reserva de recursos (e por isso envidam todos os esforços para preservá-lo), como constitui uma fonte de exploração de recursos renováveis, como parte mesmo das práticas tradicionais de reprodução social camponesa.

Com o cercamento das soltas, o único espaço de mato disponível é o que existe no interior do sítio e, ao ser transformado em lavoura, deixa de ser espaço provedor de madeira, lenha e estacas. A produção/reprodução camponesa implicava maior extensão de mato do que aquela que seria transformada em roça, não só para possibilitar a rotação de terras, mas também para assegurar a continuidade do suprimento daqueles insumos. Na medida em que sua presença se limita ao interior do sítio, o sitiante percebe sua lavoura como conduzindo à gradativa eliminação de um dos próprios *supostos*[4] de sua reprodução.

Da capoeira fina também se extraía a lenha e nela se mantinha parte do gado e da *miunça* (ovelhas ou cabras) em vias de dar cria ou com cria nova, gado em regime de engorda e animais a serem abatidos.

---

[4] Essa idéia foi desenvolvida, em maiores detalhes, no artigo "O sítio camponês", de Ellen F. Woortmann (v. Bibliografia).

Esgotados os recursos alimentares da capoeira fina, o gado era transferido para a capoeira grossa ou para o mato.

Da roça, leva-se para a casa o *legume* (milho, feijão, etc.) que se transformará em comida. Antigamente dela se levava o algodão, para ser transformado em tecido e, principalmente, para ser vendido às empresas descaroçadoras então existentes. Hoje, a comercialização do algodão é restrita. Parte do milho alimentava a miunça, como consumo intermediário.

Após a colheita, transferia-se o gado para o espaço da roça, onde se alimentava da *palha* (restolho). A palha do algodão é especialmente valorizada: “A folha do algodão é medicinal, está provado; se o gado tem carrapato e se o soltam numa roça de algodão, de repente ele fica limpo”. A importância medicinal do algodão, porém, vai desaparecendo à medida que o gado de tipo tradicional, o “pé duro”, de pequeno porte, é substituído pelo gado “zebuado”, mais pesado e mais alto. Com isto, o algodão perde seu significado medicinal; mantém-se, no entanto, seu sentido de suplemento alimentar, tanto assim que importam, em período de estiagem prolongada, a *torta*. O gado “pé duro”, em tempo de estiagem, “era tangido para dentro do mato; lá ele se virava”; o “zebuado” tem menos resistência, “é sem jeito, não sabe comer o mandacaru... precisa da torta, senão não agüenta”.

A roça, à medida que vai sendo invadida por gramíneas antes de passar ao estado de capoeira fina, torna-se *capineira*, também reservada para o gado.

Da roça para a casa de farinha dirige-se a mandioca que, uma vez processada, irá constituir um dos componentes básicos da dieta familiar e da renda monetária (juntamente com o milho, enquanto o feijão se destina basicamente ao consumo). Da casa de farinha saem ainda o beiju e o polvilho, assim como os restos da produção de farinha (a raspa e as sobras do peneiramento), destinados aos animais colocados na capoeira fina e na palhada. Da casa de farinha para a roça dirige-se outro subproduto importante: o líquido tóxico resultante da prensagem, utilizado como formicida — outro resto transformado em insumo. Parte dos restos não consumidos pela criação pode ser transformada em adubo, depois de fermentada.

Na casa, além de se fazer a armazenagem de alguns produtos destinados à venda, fabrica-se também o queijo, que produzirá outro resto, o soro, destinado à alimentação dos porcos, assim como a “lavagem”, restos da alimentação humana. Na casa são ainda produzidos bordados e rendas, bolos e doces, para venda. A casa é também o foco de um processo de distribuição, segundo regras de reciprocidade, para grupos domésticos aparentados.

O modelo de chão de roça atual diferencia-se do antigo pelo desaparecimento do mato e da capoeira grossa. Ao mesmo tempo em que se registravam essas modificações internas ao sítio, transformava-se também o sistema de arrendamento, como será visto. Com isso, reduz-se a possibilidade de cultivo da mandioca e tende a desaparecer a casa de farinha, visto que a madeira e a lenha têm, então, de ser compradas.

Hoje, são poucos os sitiantes que ainda dispõem de mato ou capoeira grossa. A maior parte dos sítios de chão de roça passa a se organizar segundo o modelo a seguir descrito.

Da capoeira fina, que tende a ser mantida como reserva, continua a ser retirada a lenha, suficiente apenas para o consumo da casa.

Da roça para a casa continua a se dirigir o legume. Da criação continua a ser dirigido para a casa o leite, mas essa criação se faz agora no pasto, que ocupa parte do espaço antes destinado à roça no sistema de rotação de terras e de sucessão mato (ou capoeira)/roça/capineira/capoeira. O pasto é dividido em várias partes cercadas, de forma a possibilitar o rodízio de pastagens e minimizar seu desgaste.

O sítio atual não tem, portanto, possibilidades de se reproduzir segundo a prática tradicional. À medida que o solo se esgota, ele vai sendo transformado em pasto ou em campo de palma. Em muitos sítios restam apenas a casa-quintal, um pouco de capoeira fina, o pasto e a palma.

Bem diferente é o modelo do sítio de *malhada*, cujos espaços são a malhada, o pasto, o curral, a casa de farinha, a palma e a capoeira.

Esta é a terra da mandioca por excelência. Os bairros rurais (ou municípios) ricos em malhadas são ricos também em mandioca, alimento básico e uma das principais mercadorias destinadas à feira. A mandioca é consorciada a outros produtos, basicamente de subsistência, destinados à casa.

A malhada divide-se em *malhada nova* e *malhada velha*, ou *planta nova* e *planta velha*, caracterizadas pela "idade" da mandioca e pelo fato de ter sido a primeira recentemente adubada, enquanto, na malhada velha, em seu segundo ano de produção, ainda se aproveita a adubação anterior.

Da malhada retira-se ainda a palha para a criação. Por não ser deixada em pousio, a malhada não é invadida por gramíneas que irão alimentar o gado. Mal germinadas, são enterradas para formar adubo verde.

Nesse sistema surge um componente novo: o curral, localizado no espaço do pasto, próximo à malhada ou à casa de farinha. É nele onde se colocam a palha, a raspa da mandioca e, eventualmente, a palma. Por outro lado, é nele onde se acumula o estrume utilizado na adubação da malhada. Nesses sítios o rodízio de pastagens é menos freqüente, pois os restos da malhada e da casa de farinha são mais constantes. Como se trata de um sistema de plantio intensivo, não se pratica a rotação de terras.

A capoeira resume-se a uma reserva de lenha.

Como no modelo anterior, da casa de farinha para a lavoura dirige-se o formicida. Da malhada velha para a nova, a *maniva*, que iniciará nova plantação de mandioca; o que excede às necessidades do replantio se torna combustível para a casa de farinha ou alimento para o gado. Alternativamente, junto com os restos da casa de farinha, é transformada em adubo.

É na casa de farinha que se produz o principal produto comercial, a farinha de mandioca, além de outros secundários, como a goma, que será utilizada para engomar os panos bordados na casa pelas mulheres, ou o polvilho, usado para consumo ou para a produção de biscoitos a serem vendidos. Ela é uma fonte de renda ainda em outro sentido, pois pode ser alugada a sitiantes que não a possuem. Outras fontes de renda são dadas pelo gado e seus produtos, principalmente o queijo, assim como pelo aluguel do pasto. A criação de porcos é mais viável nesse sistema, dado o suprimento de alimentos vindo da casa de farinha, como restos.

Ambos os modelos contam com a presença do pasto e do gado, mas seu significado é distinto. No modelo de chão de roça eles representam o estádio terminal de um processo evolutivo, dado pelo esgotamento do solo e da possibilidade de realizar a rotação de terras. No modelo de malhada, pelo contrário, o gado é um elemento da reprodução do próprio sistema agrícola. A malhada exige a presença do gado, visto que é dele que virá o estrume, o *unto*. Entre a malhada e o gado processa-se, portanto, como que uma troca de alimentos.

Apesar do esforço em manter os supostos da produção internos ao sítio, realiza-se uma troca com o sertão, para onde se vendem farinha, feijão e outros alimentos, e de onde se compram estrume e torta de algodão. O sítio como que replica[5] o intercâmbio tradicional entre as regiões nordestinas.

É no espaço do sítio, ele mesmo um processo resultante do trabalho, onde se deve realizar, idealmente, o processo de trabalho. Contudo, para muitos sitiantes, foi necessário deslocar a lavoura para o interior da *propriedade*, na forma de arrendamento, que se torna condição de sobrevivência em face da exigüidade do sítio ou do esgotamento de seus recursos.

O arrendamento foi mudando de forma, ao longo do tempo. De início, o *proprietário* "dava a terra em troca da palha", isto é, seu interesse não estava na apropriação de um sobretrabalho na forma de produtos agrícolas, e sim na palhada e nas gramíneas que se instalavam no espaço do roçado após a colheita — como demonstra a fala de um arrendatário de Itabi:

> Quando era de novembro para dezembro, o pessoal que tinha terreno para arrendar, que tinha mato e queria derribar para *afinar a capoeira*, para *fazer capineira para o gado* e para *ficar a capoeira para o gado comer*, eu dizia: "esse ano eu vou arrendar o *pasto* de fulano de tal".

Num segundo momento, à "renda palha" acrescenta-se uma "renda dinheiro" que predominou até a década de 1950, sem contudo afetar o processo de trabalho, idêntico ao realizado no interior do sítio. Na mesma década, começa, porém, uma transformação fundamental: a *criação* (termo que designava a atividade pastoril em pastagens naturais) cede lugar à *pecuária* (criatório em pastagens cultivadas), e o arrendatário é obrigado a plantar, junto com seus produtos, o capim, que ocupará definitivamente aquele espaço. É o que demonstra o diálogo a seguir transcrito:

—... aqui em Itabi eles querem que crie o capim ... Quer dizer que aqui esse proprietário deixa o pobre plantar o milho e o feijão no meio

[5] Replicar, replicação: referem-se à repetição de uma mesma relação simbólica em campos semânticos diferentes. Exemplo: a oposição casa (domínio privado) / rua (domínio público) é replicada na oposição cozinha (domínio privado) / sala (domínio público) no interior da casa. Casa: Rua :: Cozinha : Sala.

do capim. Esse proprietário chega assim e diz: "Olhe, hoje — quando ele vê que o pobre está bem arrochado — hoje a tanto [tantos dias] eu boto o gado dentro". Se o pobre tiver tempo de tirar o milho, bem, se não, o gado vem e come... E é gente do maior sangue de Itabi. É das famílias nobres, os fundadores de Itabi. Quer dizer, os que dominam a política e têm o dinheiro. Sim, porque a nação é dominada principalmente pela política e segundo pelo dinheiro. Quer dizer, não é nem o governo. O governo é que é manobrado por eles."

— E a palha?

— A palha? Fica lá tudinho para o proprietário... Mesmo se o algodão estiver com carga, o gado é que vai comer. Se eu tirar a palha, o proprietário não aceita de jeito nenhum, porque o dono da terra tem gado. O roceiro deixa o capim plantado e deixa a palha para o outro.

Com a pecuária, "o capim tomou conta de tudo". Se as formas anteriores de acesso subordinado às soltas não interferiam no processo de trabalho nem impediam a reprodução continuada da lavoura camponesa, agora a terra vai se "fechando". O capim passa a dominar o espaço mais amplo da região, introduzindo, na percepção dos *fracos*, um novo tempo, o tempo da "terra de boi".

Trabalhando a terra

Como vimos, existem nos sítios da região dois sistemas agrícolas, um extensivo e outro intensivo, que correspondem aos sistemas chamados de *forest fallow* e *annual multicropping*, relacionados por Esther Boserup[6] a fatores demográficos. Em nossa abordagem esses sistemas agrícolas correspondem, de um lado, a momentos distintos do processo histórico da região, com o segundo sucedendo ao primeiro, assim como à diferença entre solos. Refletem, pois, processos sociais e condições naturais.

O processo de trabalho extensivo (de queimada e coivara) é aquele que transforma o mato em *terra de trabalho*, sob a forma de chão de roça, passível de cultivo por até três anos. A partir daí, a depender da forma de acesso — terra própria ou arrendada — e da natureza do solo, a área cultivada transformar-se-á em capoeira e eventualmente

[6] Cf. a obra *The conditions of agricultural growth.*

retornará à condição de mato ou de pasto, ou passará a ser utilizada de maneira intensiva. A partir do processo de trabalho sobre o mato abrem-se, então, três alternativas distintas:

	Descanso (capoeira)---Mato
Mato ----- Processo extensivo ----	Descanso (capoeira)---Pasto
	Processo intensivo-----Malhada

O sistema intensivo de *malhada* se mantém inalterado. A área trabalhada só reverte à condição de mato se a terra for abandonada.

A situação empírica aqui analisada é interessante, pois uma mesma unidade de produção camponesa pode operar com dois processos de trabalho distintos que se sucedem no tempo, ou podem ser coetâneos, seja no interior do mesmo sítio, seja *articulando* o trabalho no sítio com aquele na roça arrendada, ou, ainda, articulando esse trabalho em distintos *terrenos* (terra própria localizada fora do sítio).

Um mesmo meio de trabalho — a terra, transformada pelo próprio trabalho — e os mesmos instrumentos de trabalho dão lugar a dois processos de trabalho que conduzem à mesma produção. Contudo, enquanto uma é cíclica, a outra é estável. Ambos os sistemas resultam, porém, de um mesmo processo de trabalho inicial visto em perspectiva histórica: a micro-história de cada unidade de produção no contexto de uma macro-história regional. A primeira modalidade de cultivo, independentemente da natureza do solo, é sempre do tipo *chão de roça*, termo que designa tanto um tipo de terra como uma forma de produção. O cultivo intensivo, segundo nossos informantes, embora conhecido há muito tempo, é uma prática relativamente recente, imposta pelo processo histórico que cada vez mais limita as possibilidades de rotação de terras.

O processo de trabalho pode ser dividido em etapas, isto é, períodos temporais com características bem diferenciadas. Tais etapas, por sua vez, podem ser subdivididas em momentos que, apesar de serem partes das etapas, mantêm certas especificidades. Cada etapa (e dentro dela cada momento) é desenvolvida a partir de conhecimentos e de estratégias que têm em vista o processo de trabalho global e que são voltadas para a otimização de recursos escassos.

Preparando a terra

A primeira etapa é a do preparo da terra, que antecede o preparo do solo, pois este não é dado pela natureza, mas construído. Poderíamos dizer que esta é a etapa do "vir-a-ser" do roçado. Seu primeiro momento é a *brocagem*.

Idealmente, o processo de trabalho é iniciado numa área de mato, entre os meses de janeiro e março, tempo de estiagem. Mas, antes de se começar o trabalho físico, deve-se escolher o trecho a ser futuramente cultivado, pois existem solos muito distintos, terras *fortes* e terras *fracas*; terras adequadas a este ou àquele produto ou variedade, que deve atender ao consumo e/ou à comercialização. A escolha da terra deve levar em consideração, portanto, suas qualidades próprias e também a adequação dessas qualidades às necessidades do grupo doméstico de consumo e de venda, assim como a adequação dos *legumes* (plantas comestíveis cultivadas) à qualidade da terra.

É preciso, pois, que o trabalho braçal seja precedido pela aplicação de um saber, o que não significa que as etapas posteriores sejam meramente "braçais". Pelo contrário, são todas informadas por um saber acumulado e em constante processo de atualização.

Começa-se por uma leitura do ambiente. Sabe-se que uma terra é *forte* pelo tipo de vegetação original, mais alta e com troncos mais grossos, e pelas espécies vegetais nela presentes. É o que também observam os lavradores estudados por Roberto Almeida, em Mato Grosso: "Tem lugar que é mais forte que outros, onde tem madeira boa. Inajá, cajá, marinheiro, jatobá, a terra é boa".[7] Sabe-se também, *a posteriori*, que ela é *forte* pelo tempo demandado para que, pelo "descanso", se constitua uma capoeira grossa, ou se reconstitua o mato. Essa é, de fato, a definição mais freqüente na região.[8]

---

[7] Roberto Almeida, *O saber camponês*, p. 21.

[8] Emilio Moran, na obra intitulada *Agricultural development in the transamazonian highway* (um estudo sobre a Amazônia), demonstra que o conhecimento da natureza não pode ser transferido imediatamente de um ecossistema para outro. Essa transferência, por parte de colonos vindos do Sul, foi uma das causas dos fracassos registrados. Foi só quando aprenderam o saber dos caboclos da região que lograram sucesso. Ironicamente, a apropriação do saber caboclo tornou mais viável a expropriação das terras desses mesmos caboclos.

A preparação da terra não é iniciada de forma ou em local aleatórios. Ela segue sempre uma direção definida, chamada na região de "direção da produção", que vai das proximidades da casa ou da rodagem (estrada vicinal ou caminho carroçável) para o mato. O mato se opõe à casa e, sendo um espaço não dominado pelo trabalho, o deslocamento se dá do domesticado, conhecido (o espaço *dentro*) para o natural, desconhecido (o espaço *fora*; fora do domínio humano). Tanto dizem que "a direção vai da casa para o mato" quanto "a direção vai de dentro para fora" — num movimento centrífugo que tem na casa o núcleo organizador do processo de trabalho.

A direção do processo é determinada pelo *pai de família*, detentor do *governo* do trabalho. É ele quem "dá a direção". O fato de ser o homem quem define a direção do deslocamento espacial indica que ele também detém o controle do processo como um todo. A mulher, pelo contrário, é remetida a um movimento inverso, de fora para dentro, trazendo para dentro da casa os produtos da roça transformados em mantimento, para torná-los comida, inserida em sua própria "direção", a do consumo. Em oposição ao do homem, o movimento da mulher dá-se de um espaço já domesticado por ele para outro espaço, a casa, núcleo simbólico da família.

Se o homem é o controlador dos espaços produtivos externos à casa, cabe à mulher o governo da mesma, como podemos perceber nesta passagem:

— Eu cuido de tudo aqui.

— E a casa?

— A casa é dela, eu só faço consertar o telhado e tapar as paredes quando precisa.

— E no terreno?

— No terreno nós todos trabalhamos; eu mais, porque a mulher tem a casa, os meninos.

— Mas quem diz o que cada um deve fazer?

— Ah, isso é coisa de homem, é só eu que cuido.

Podemos ver que, ao falar do *terreno* (espaço de trabalho externo ao sítio), nosso interlocutor admitiu que a mulher "trabalha", embora sob seu "cuidado". Quando falam do sítio, porém, os sitiantes raramente designam as atividades da mulher no plantio ou na colheita pela expressão "trabalho", e sim "ajuda". Note-se ainda que "cuidar" tem o sentido de controlar e também o de zelar, ser responsável por aquilo que controla.

É a casa, portanto, o ponto de partida do trabalho, realizado sob o governo do homem. É nela que são guardados os instrumentos de trabalho e as sementes; é ela que abriga os "braços" e é nela que se decide quanto e o que será cultivado. E se desenvolve para cada vez mais longe, para *fora*. O produto do trabalho retorna para a casa, onde passa para o governo da mulher. Há, portanto, dois movimentos opostos e complementares: o homem leva para fora, inclusive para o mercado; a mulher traz para dentro da casa, para o consumo.

O homem define a "direção" porque o pai de família é socialmente concebido como o possuidor do conhecimento necessário para a realização da produção. Esse conhecimento é condição própria da posição de pai de família, que repousa não somente na posse da terra — ele é também o *dono* —, mas igualmente no saber que a torna terra de trabalho. Outros homens adultos — e freqüentemente também mulheres — conhecem perfeitamente todas as etapas do processo produtivo, seja na lavoura, seja no criatório do gado. Mas o pai de família é como que o "dono" do saber, componente da hierarquia familiar.

Mesmo quando o trabalho é realizado pelo chamado *mutirão*, que reúne num circuito de reciprocidade vários chefes de família, é sempre o dono do sítio quem "dá a direcão". Interferir no seu governo seria equivalente a sublevar a hierarquia da família, princípio fundamental da organização camponesa. Por isso, quando o pai migra sazonalmente (no caso dos sitiantes fracos) e delega o trabalho agrícola para os filhos, surgem tensões entre estes, pois a delegação do governo pode sinalizar a transmissão do patrimônio — que inclui não apenas a terra, mas também o saber e, em certos casos, até mesmo o nome.

Almeida descreve-nos uma situação aparentemente distinta, com relação ao mutirão:

> A norma geral é que o comando destes grupos de trabalho fique a cargo do dono da terra (...). Neste caso específico, observei que a escolha de onde se começa, em qual direção se dará o trabalho, era estabelecida pelos dois mais velhos do grupo, João Vaqueiro e Tio Domingos, cujas idades oscilavam entre os quarenta e os cinqüenta anos. Isto se dava pelo fato de o dono da terra ser uma pessoa nova, por volta dos 25 anos, e portanto possuidor de menos experiência que os mais velhos, ponto esse reforçado pelo papel que ele possui no sistema de parentesco — o de filho e sobrinho —, que deve não

só delegar autoridade ao pai e ao tio, como espera que estes venham a lhe transmitir o conhecimento sobre a atividade em questão.[9]

É, pois, uma diferença aparente com relação aos sitiantes de Sergipe que apenas reafirma o princípio da hierarquia no interior do grupo de parentesco, hierarquia essa fundada menos na idade em si que no saber que a constitui.

O homem, e notadamente o pai — mesmo porque ser homem, em contraposição a ser rapaz, implica ser pai —, é "força plena" da família, não apenas por ser mais forte. Em certos momentos do ciclo evolutivo do grupo doméstico, alguns filhos podem ter mais vigor físico que ele. Ele é "pleno" porque a ideologia camponesa o define como aquele que "re-une" todas as condições para participar de todo o processo de trabalho.

Além disso, é ele quem deve enfrentar o desconhecido, a força da natureza e os perigos do mato, seguindo sempre o mesmo sentido, do já dominado (casa, terreno cultivado, rodagem) para o *mundo*. Esta última expressão designa um universo desconhecido, onde reside o perigo, e engloba desde a natureza desconhecida até os grandes centros urbanos, como São Paulo. O mundo corresponde também à categoria *fora*, à qual voltaremos mais adiante.

Para a mulher, que deve evitar o espaço de *fora*, o perigo está *dentro*. Ele reside principalmente dentro de seu corpo, na gravidez e no parto, tradicionalmente realizado no espaço de dentro da casa (hoje em dia a maioria das mulheres recorre ao hospital próximo). O primeiro parto é sempre cercado e antecedido por uma série de precauções, inclusive simbólico-religiosas. Quando a mulher está na fase final de gravidez, ela deve colher feijão para propiciar um bom parto. Afirmam que essa atividade, pelo movimento realizado, exercita os músculos abdominais de forma a favorecer um trabalho de parto mais rápido. A noção de "trabalho de parto", expressão também utilizada por eles, ganha um significado específico.

Há, então, um trabalho para a mulher que deve anteceder o parto para minimizar o perigo de outro trabalho; pois se, para o homem, o perigo está no próprio trabalho de construir o roçado, perigo esse que deve ser evitado pela mulher, para ela o "perigo" está no "trabalho" de construir biologicamente a família. O homem enfrenta o perigo *fora*,

---

[9] Roberto Almeida, *op. cit.*, p. 33.

na natureza representada pelo mato na primeira etapa do processo de trabalho, na companhia apenas de outros homens. A mulher, pelo contrário, enfrenta-o *dentro*, na companhia apenas de mulheres, num duplo sentido: dentro da casa e dentro de si mesma; o perigo está na sua própria natureza e não, como no caso dos homens, numa natureza externa. Há uma exclusão de gênero nesse momento: a mulher leva a comida até o limite espacial da área onde o homem enfrentará o perigo do trabalho no mato. O homem leva a parteira até o limite espacial onde a mulher enfrentará o perigo do trabalho de parto, mas nunca entra no quarto — haveria o risco de "empatar" o parto. Hoje, ele a leva até o hospital, mas lá não entra. Vale ressaltar que o médico, embora homem (assistido por freiras e enfermeiras), não é categorizado como tal, no plano da construção cultural do gênero (como também não o é o padre).

Uma mulher não pode nem deve "tocar a roça" sozinha. Mesmo que de fato gerencie a unidade de produção, como é o caso de algumas viúvas, certas etapas do processo agrícola, notadamente o primeiro enfrentamento com a natureza, não serão realizadas por ela. Tampouco será ela a responsável direta pelo trato com o gado.[10]

Em geral a mulher recorre a algum membro de sua parentela para "governar" o processo de trabalho, idealmente o irmão mais velho. No contexto hierárquico desse campesinato, como também no de outros, o irmão mais velho é o substituto do pai perante suas irmãs e seus irmãos mais jovens. Para suas irmãs viúvas, mesmo que seja casado — de fato, principalmente se for casado —, ele se torna como que um *pater* do grupo doméstico delas, o que se expressa simbolicamente na condução do processo de trabalho, isto é, nas atividades fora do espaço da casa.

---

[10] Mulheres nunca lidam com o gado. Embora as filhas dos sitiantes recebam gado como parte de seu dote, ele é sempre cuidado pelo pai ou por um irmão. O gado é como que um "bem masculino" e com o casamento será incorporado ao rebanho do marido. Ele é presenteado pelo padrinho à afilhada e transmitido a seu marido, numa "circulação de gado" que acompanha a circulação de mulheres. O pasto é um espaço masculino. Numa ocasião chegamos a uma casa onde só a esposa estava presente. Desejávamos uma informação sobre a localização de uma gruta e a mulher disse-nos que ela ficava "para lá do pasto". Para evitar erros, pedimos à mulher que nos acompanhasse, ao que ela retrucou com certa indignação: "Eu lá sou mulher de andar em pasto?" Contudo, pouco antes ela nos havia descrito detalhes da tal gruta, que conhecia muito bem. Produziu para nós um típico "discurso público".

Esse padrão pode ser exemplificado pelo caso de uma mulher, d. Lai, de Itabi, que ficou viúva com cinco filhos, aos 32 anos de idade. Ela teve todo o apoio do irmão mais velho (seu pai já havia falecido). Ele e seus filhos, de 16 e 17 anos, sobrinhos de d. Lai, fizeram o trabalho de brocagem e derruba; o plantio e a colheita foram feitos por ela e dois filhos, de 11 e 12 anos, auxiliados por duas sobrinhas da mesma idade, embora oficialmente "governados" pelo irmão. "A limpa eu fazia com os meus pequenos", disse ela. Sua produção era incorporada à do irmão, que a vendia na feira, repassando-lhe o montante auferido.

Quando dois filhos de d. Lai "pegaram feitio de homem", isto é, chegaram aos 15 e 16 anos, a ajuda do irmão começou a diminuir e o governo do trabalho foi sendo gradativamente transferido do irmão para o filho mais velho — embora fosse d. Lai quem efetivamente decidisse o que plantar. A comercialização, contudo, continuou a ser feita por seu irmão até o filho maior "ter os documentos", aos 18 anos. Replicou-se o padrão geral em que a transição para adulto começa no processo de trabalho interno ao sítio e se completa, posteriormente, no plano da comercialização. Primeiro, merece-se o reconhecimento social do saber e da prática para produzir; mais tarde, adquire-se o reconhecimento do saber necessário para "negociar".

Não deixa de ser interessante observar que d. Lai e seus filhos também trabalhavam em terra arrendada. Seu trecho de roça era vizinho ao do irmão, de um lado, e de seu tio, de outro (ambos eram também arrendatários). Era, então, uma mulher que trabalhava ladeada por parentes.

Um exemplo contrário, aparentemente contraditório, que pode ser visto como exceção significativa, expressa, no entanto, o mesmo padrão ideológico.

Suely é uma mulher abandonada pelo marido, mãe de quatro filhos pequenos, que conduz, sozinha, todo o processo de trabalho. Vejamos o seu testemunho:

— Na terra do meu irmão é eu mesma que toco tudo.

— Tudo? Até brocar e derrubar?

— É, faço broca, derrubo, eu mesma queimo, tudo é eu. Minha mãe fica com os pivete [filhos pequenos]. Mas é duro. Tirei dois sacos de feijão; já acabou. Ainda comprei um pouco de feijão, milho foi mais pouco e agora não tem mais nada. Mulher para tocar roça presta? Não!

Suely mora nas terras da mãe, que tem cinqüenta tarefas, "tudo capim, que a terra não dá mais nada" (a mãe aluga o pasto, além de ter dez reses). O irmão comprou vinte tarefas de um tio, ao lado das terras da mãe e é lá que ela trabalha, sozinha. "Toco uma tarefa. Eu não tenho nada, pode dizer que sou roceira [arrendatária] na terra de meu irmão. Tiro a lenha dos matos dele. Ele deixa eu tirar a lenha". Além disso trabalha "de alugado" na terra de um conhecido. Não planta mandioca: "Se eu plantar a mandioca, vou fazer a farinha com quem, pelo amor de Cristo?"

Quando Suely casou, "os padrinhos só deram a roupa. O dinheiro o pai bebeu de cachaça. Não ganhei nada de casa, não".

O que ocorreu foi que Suely casou contra a vontade da família, que considerava (com razão) que o homem era um "mau-caráter". Foi um casamento "na marra", pois ela queria deixar a família, dado o comportamento de seu pai, que "morreu de tanto beber". A família ficou particularmente indignada com seu casamento porque ela não estava grávida; se estivesse, provavelmente teriam aceitado o casamento, ainda que a contragosto. "Quando meu marido estava comigo, tocou roça na terra de mamãe e no outro ano de um tio meu". Pouco depois, porém, o marido a deixou. "Andou pelo mundo" por dois anos e em seguida retornou, para novamente ir embora, sem nunca mais voltar.

A situação atual de Suely, que tem de "tocar tudo sozinha", é a conseqüência daquele ato contrário à família. Foi por ela punida. Se, por um lado, foram condescendentes, deixando-a trabalhar nas terras do irmão, por outro, ninguém a auxilia no processo de trabalho, sendo obrigada a executar todas as tarefas, inclusive aquelas definidas como exclusivamente masculinas. Seu caso é o oposto ao de outras mulheres, viúvas ou abandonadas, que contam com o auxílio do pai ou irmãos. Ela não planta mandioca porque não tem como transformá-la em farinha, visto que não tem acesso à casa de farinha da família.

Devemos observar que, quando Suely nos relatou sua situação, ela o fez emocionada, chorando. Pediu para as crianças saírem da casa porque tinha vergonha de falar do assunto. Mais que um depoimento, foi uma confissão.

Suely é, pois, uma mulher que realiza sozinha todo o processo de trabalho. Castigada, ela não foi expulsa, mas vive, simbolicamente, como que ostracizada no lugar, posta numa situação liminar — purgando seu pecado, por assim dizer. Seu caso é uma exceção, que não apenas confirma a regra geral, como mostra sua impositividade.

Enquanto d. Lai manteve durante sua vida os padrões morais do grupo — inclusive não se recasando —, merecendo, por isso mesmo, o tratamento respeitoso de "dona" e o apoio do irmão, Suely, por ter infringido aqueles padrões, não mereceu o mesmo reconhecimento. Permaneceu tão-somente "Suely", apesar de ter a mesma idade que d. Lai.

O apoio familiar no plano do processo de trabalho também é dado a homens viúvos. É o caso de Geraldo de Alexandre, que enviuvou com 31 anos (sua mulher morreu de parto, deixando o recém-nascido e três crianças pequenas). Uma de suas irmãs ficou com o bebê, enquanto outra assumiu a "direção" da casa e a criação da miunça da falecida. Outros o auxiliaram na roça. Tudo isso era dito, abertamente, pelas pessoas da comunidade, que faziam questão de explicitar sua solidariedade.

No entanto, não era mencionado publicamente que Geraldo de Alexandre tinha uma mulher "da vida" e uma filha no bairro rural conhecido como Babilônia, habitado por prostitutas. Essa mulher nunca assumiu as atividades de sua casa, mesmo porque seria impensável que ela viesse a morar no bairro de "gente de respeito", onde se localizava o sítio de Geraldo. Ela "nunca pisou em Lagoa da Mata". A Geraldo era permitido satisfazer suas necessidades sexuais, "coisa de homem", e era-lhe imposto sustentar a filha não reconhecida, desde que fora do bairro. O que não podia fazer era recasar, como estipulavam as regras dessa comunidade.

A construção ideológica do "governo do trabalho" também se reflete no assalariamento. Um assalariado — um *alugado*, na terminologia local — conhece, "objetivamente", tudo que é preciso saber sobre o processo de trabalho, mesmo porque ele também pode ser um pai de família, ainda que fraco. No entanto, existem alguns constrangimentos na situação de alugado em sua relação com um sitiante.

O alugado não é um homem *liberto*, em sentido pleno. Pelo contrário, ele é, em graus variados, *sujeito*. O grau maior de sujeição é representado pelo *morador* ou mesmo pelo trabalhador *avulso* dos canaviais (incluídos na categoria *mundo*), não muito distantes geograficamente da região estudada, mas localizados simbolicamente no pólo oposto do sítio camponês. O grau menor é dado pelo assalariamento de um camponês fraco por outro forte.

Ser sitiante, ser dono da terra é condição básica de ser liberto, juntamente com o domínio tanto cognitivo como simbólico do saber que orienta o processo de trabalho. Por isso mesmo, delegar o governo do processo de trabalho a um assalariado seria, nos termos dessa cultura, como que uma contradição, em termos.

O sitiante designa o assalariado pelo termo "trabalhadorzinho". Isso tem vários significados, todos eles remetidos ao princípio da hierarquia familiar. O trabalhadorzinho (nunca se chama alguém de alugado, pois este termo tem uma conotação derrogatória) é, sempre que possível, filho de um sitiante fraco (ou de alguém temporariamente fracassado). O diminutivo coloca-o em posição análoga à de um filho do contratante, ajustando-o assim à hierarquia familiar deste último.

Por outro lado, evita-se a humilhação do pai do assalariado. A relação de contrato é feita entre os dois pais, e tudo se passa como se o segundo, por sua livre vontade, tivesse, como se diz na região, "dado o tempo" de seu filho, porque o contratante dele necessitava. Cria-se assim a ilusão da liberdade e elude-se a *precisão* daquele que "cede" o tempo do filho. Tudo se diz numa linguagem de reciprocidade, como se se tratasse de uma troca. Trata-se, pois, de uma encenação, como tantas outras por nós observadas nesse contexto camponês.[11]

Voltemos à mulher. Ela é concebida como um ser essencialmente ambíguo, notadamente pela representação de seu corpo, como em tantos outros lugares do Brasil e do mundo. Seu governo é o da casa; assumir o governo do processo de trabalho da roça acentuaria sua ambigüidade. Não sendo homem, assumiria as funções de um; sendo mulher, ultrapassaria os limites de seu domínio, num claro *symbolic tresspassing*, como diria Mary Douglas.[12] Assim, um ser ambíguo não pode invadir um espaço também ambíguo, perigoso e ainda liminal[13] — o "vir-a-ser" que é o mato.

O mato se torna liminal a partir do momento em que é delimitado para o futuro trabalho, isto é, a partir do momento em que é pensado

---

[11] Ver, a propósito, de Ellen F. Woortmann e Klaas Woortmann, o artigo "Fuga a três vozes", *Anuário Antropológico 91* (1983), pp. 89-137.

[12] Cf. a obra *Purity and danger: an analisys of concepts of pollution and taboo.*

[13] Liminalidade/liminal: Em antropologia estes conceitos designam um estado, momento, ou espaço marcado pela ambigüidade, pela condição de ser e não ser ao mesmo tempo; de ser simultaneamente algo e seu oposto; de estar entre dois domínios simbólicos distintos e opostos. Designam também, em processos rituais a suspensão momentânea da estrutura (como nos ritos de inversão). Freqüentemente, a liminalidade está simbolicamente associada ao perigo.

como espaço da cultura-cultivo, deixando de ser o espaço indiferenciado da natureza ainda não domesticada. Concebido como espaço a ser cultivado, ele passa para a esfera da primeira forma de dominação humana: a esfera do conhecimento. Pelo conhecimento, que considera as características desse espaço, nele é "projetado" o processo de trabalho. Ainda natureza, mas já "culturalizado", o espaço torna-se finito e simbolicamente apropriado, tal como o "tempo de produção" ao qual será incorporado, diferenciando-se do resto do mato, ainda não pensado para a produção (a não ser nos termos de uma categoria geral a ser eventualmente transformada em outra categoria geral, pois todo e qualquer mato se tornará eventualmente um sítio). Mas não se integra ainda na esfera da dominação plena pelo trabalho.

Se o mato é definido como um lugar de perigo, ele não deve ser adentrado pela mulher. Mas adentrá-lo seria também um outro perigo, pois a mulher estaria pondo em risco os pressupostos ideológicos da comunidade. Uma mulher que assume as atividades do homem afronta os valores hierárquicos do grupo como um todo.

Deve-se notar que em alguns lugares do Brasil, como, por exemplo, entre pescadores do Pará,[14] a mulher, após a menopausa, "vira homem" e pode exercer papéis socialmente definidos como masculinos. Em outros lugares, como entre pescadores do Maranhão,[15] mulheres e homens podem exercer as mesmas atividades, o que implica outra forma de construção do gênero. Na região estudada, contudo, não registramos tais concepções. O que registramos, com relação ao processo de trabalho, foi que viúvas recorrem a homens para a realização dessa e de outras etapas.

De fato, a mulher pode "objetivamente" determinar a direção do processo de trabalho, mas a realização caberá a um homem. No caso das viúvas, não havendo um pai de família em jogo, esse homem pode até ser um assalariado, quando não existirem parentes homens. Apesar de subordinado, o assalariado, na qualidade de homem, será o responsável direto pelo enfrentamento com a natureza.

Há situações — sempre críticas — em que o marido existe, mas está ausente. Pode ter sido forçado a migrar, ou pode ser um inválido. É uma situação análoga à de viuvez. Nesses casos, se o homem é o

---

[14] Ver Maria Angélica Maués, *Trabalhadeiras e camarados.*

[15] Ver Edna Alencar, *Pescadeiras, companheiras e perigosas* (dissertação de mestrado).

ocupante legítimo do papel de direção, a mulher assume "interinamente" o cargo, em nome do homem, ou por delegação deste. É o homem que autoriza a mulher a "dar a direção". O mesmo foi observado por Margarida Maria Moura[16] entre camponeses de Minas Gerais. Poder-se-ia dizer que, se o homem *é* o responsável pela direção, a mulher, nesses casos, *está* responsável por ela. Tudo dependerá do estádio em que se encontra o grupo doméstico em seu ciclo evolutivo, isto é, da existência ou não de filhos homens em idade adequada para assumir o "governo", assim como das estratégias de alocação da força de trabalho: pode ser mais vantajoso, ou mesmo necessário, que o filho "adequado" migre, até mesmo como parte de sua transição para a categoria *homem*. De qualquer maneira, a mulher apenas dá a direção de forma, digamos, teórica, pois não participa fisicamente do trabalho de brocagem.

O processo de trabalho pode ser visto, então, como uma construção simbólica relativa à hierarquia familiar. É importante assinalar que na realidade existia, à época de nosso trabalho de campo, pouco mato na região. Os sitiantes, contudo, sempre falavam dele como se ele ainda existisse, idealizando um tempo passado concebido como *forte* e idealizando o próprio processo de trabalho como construção simbólica do homem forte.

O que de fato predominava, como terra não-trabalhada, era a capoeira, que se aproximava do mato quando tinha a forma de capoeira grossa, cobertura vegetal de uma extensão de terras em pousio relativamente longo, mas que corresponde a uma terra que já foi trabalhada no passado. Não é portanto natureza desconhecida. Simbolicamente, porém, é como se fosse, e permanece como espaço interditado à mulher, mesmo como força auxiliar. A *ajuda*, categoria que define o trabalho da mulher e das crianças fora da casa, ficará a cargo de um menino, com idade a partir de dez ou onze anos.

Os filhos, a partir de certa idade, participam do processo produtivo e o ciclo de vida menino–rapaz–homem é a transição da *ajuda* para o *trabalho* e eventual *governo*, associada a outras passagens com significado ritual, como a já referida migração e o casamento.

As diferentes teorias sobre o campesinato enfatizam a centralidade do grupo doméstico e de seu ciclo evolutivo na produção e, no caso de

---

[16] Cf. a obra *Os herdeiros da terra*.

Chayanov,[17] na "diferenciação demográfica". O número de filhos conduz a uma contradição: são força de trabalho, mas são também herdeiros; num momento possibilitam a produção—reprodução e, em certos momentos do ciclo evolutivo, tornam possível a produção de um excedente. Noutro momento, como herdeiros, podem levar a reprodução do campesinato à crise, pelo excessivo fracionamento da terra.

Os filhos têm significado distinto para sitiantes fortes e fracos. Estes últimos desenvolvem, a partir dos filhos, certas estratégias próprias. Os filhos são tornados assalariados ou mão-de-obra que possibilite o arrendamento (obter terra arrendada depende, entre outros fatores, do número de *braços* com que pode contar o roceiro); depois de algum tempo, alguns vão embora, em geral para cidades, de onde remetem algum dinheiro para as famílias de origem. Os sitiantes fortes, como indicam nossos dados, têm menos filhos ou, com freqüência, não os têm. No entanto, o grupo doméstico não enfrenta, necessariamente, problemas. Mesmo sem filhos, realiza-se um ciclo de desenvolvimento.

O que ocorre é que sitiantes fortes, sem ou com poucos filhos, adotam seus afilhados, que para eles trabalham como se filhos fossem e se tornam seus herdeiros (deixando de herdar em suas famílias de origem). As relações de parentesco, então, na forma do compadrio, como que "corrigem" deficiências de composição do grupo doméstico.

Se as análises do campesinato, em geral centradas na produção, têm dado ênfase ao grupo doméstico — virtualmente a única unidade de parentesco considerada —, nossos dados mostram que, para entendê-lo e para entender o próprio processo produtivo, é preciso ir além dele, incluindo relações mais amplas no próprio domínio do parentesco. O caso seguinte, do sr. Davi e de d. Maria, é sugestivo.

O sr. Davi e d. Maria, que não tiveram filhos, são padrinhos de Manuel Aragão, que foi por eles "adotado". Essa adoção não implicou mudança residencial, isto é, Manuel não passou a morar com seus padrinhos. Passou, contudo, a ser incorporado à força de trabalho do sítio do sr. Davi, contíguo ao de seus pais. Além de Manuel, outro afilhado, José de Clementino, foi também incorporado ao grupo doméstico produtivo do sr. Davi. Enquanto o primeiro assumiu o cuidado

---

[17] Cf. a obra *The theory of peasant economy.*

e a direção da criação de gado e dos espaço do pasto e do pouco mato restante, o segundo trabalhou a terra da roça. Manuel herdou o pasto, o mato e o rebanho; José de Clementino herdou a terra da roça.

Vale notar que José de Clementino é marido de Ana de Jesus, irmã de Manuel. Este último, tal como o sr. Davi, não tem filhos. No lugar destes, foram "adotados" dois afilhados, dentre os sete filhos de José de Clementino. Esses afilhados adotados nunca são os primogênitos do pai "doador". Tampouco foram encontrados casos de afilhadas adotadas. Quem cuidou da casa — do processo de trabalho doméstico — para o sr. Davi, quando este enviuvou, foi a irmã de Manuel, Ana de Jesus. Como se pode ver, está em andamento uma replicação, na segunda geração, do que ocorreu na anterior. A expectativa é de que a herança siga o mesmo rumo.

O termo *brocar*, ou *buracar*, define a primeira forma de abrir espaços na vegetação maior do mato. A *brocagem* é feita com a foice maior, instrumento do pai. O instrumento foice, pensado genericamente, tanto é utilizado pelo pai como pela mulher e pelas crianças. O que faz a distinção é o tamanho e a qualidade: ao homem é destinada a foice maior, mais nova ou em melhores condições de uso. A mulher e as crianças recebem a foice mais velha, menor e em piores condições de uso, utilizada em outras etapas do processo produtivo. Cabendo à mulher um instrumento em piores condições, seu trabalho será menos produtivo.

Assim, o próprio instrumento de trabalho, por sua qualidade, identifica o homem como "força plena" e como o "comandante" do processo de trabalho.

Mesmo que o processo de trabalho, em si mesmo, não tenha sofrido alterações consideráveis ao longo do tempo, há, contudo, um aspecto que se modificou, resultante menos de procedimentos de técnica agrícola que de relações sociais: no período das terras soltas, o gado "pé duro", criado livremente, realizava como que uma antelimpa, à medida que se alimentava da vegetação que crescia entre árvores e arbustos de maior porte, abrindo, com seu deslocamento, caminho dentro do mato.

Hoje, por serem raras as terras soltas, por ser o gado mais "raceado" — e menos resistente — e por ser ele criado em pastagens plantadas restritas pelo arame farpado, não ocorre mais aquela antelimpa. Assim, as alterações na pecuária e na estrutura fundiária se refletiram sobre o trabalho agrícola: atualmente, a mesma área a ser trabalhada exige maiores insumos de trabalho sem que isso provoque aumento da produção. Isto significa que apenas o *valor* da produção, dado pelo trabalho, foi aumentado, mas não a produtividade por homem-hora de trabalho (e muito menos o preço de mercado). Significa, ainda, que se acentuou a auto-exploração da força de trabalho familiar e também que aumentou o valor que é transferido da unidade de trabalho camponesa para o grande proprietário, visto que atualmente as áreas de mato a serem preparadas (mais trabalhosas, mas também de maior fertilidade) estão quase que totalmente restritas a essas propriedades e apenas acessíveis aos camponeses pelo arrendamento.

Se considerarmos o gado não como instrumento em sentido preciso, mas como estratégia, e considerando as transformações sociais, houve então um sensível decréscimo no nível de produtividade da força de trabalho. Espoliados os camponeses das terras comunais e de livre acesso em que criavam o seu próprio gado solto, altera-se o processo de trabalho. Como roceiros, subordinados aos proprietários, trabalham *para* o gado destes últimos, quando antes o gado "trabalhava" para eles.

Numa perspectiva mais ampla, então, o processo de trabalho no sistema antigo era como que antecedido pelo gado, para depois ser sucedido por ele, visto que o restolho e as gramíneas que invadiam o espaço da roça eram seu alimento. O trabalho agrícola pressupunha o gado, e o criatório pressupunha o trabalho agrícola. Esse *ley system* constituía, pois, um ciclo auto-regenerativo: mato–gado–lavoura–gado–mato. Hoje, desfeito o *ley system*, o gado deixa de contribuir para a produção agrícola e o criatório constitui um processo de trabalho separado (embora continue a ter um papel fundamental, mas bastante distinto, no sistema intensivo). Nas fazendas, como foi visto, inverteu-se o processo: o trabalho agrícola é condição da formação de pastagens, com o capim inserido no consorciamento.

Este primeiro momento da etapa de preparo da terra inicia-se, como os demais, pela manhã bem cedo, "apanhando o sereninho da manhã no caminho", até cerca das 11 horas, quando há a pausa para o almoço. Por volta do meio-dia reinicia-se o trabalho, até aproximadamente as cinco horas da tarde, "para não pegar o sereninho da noite, senão se pega dor de cabeça".

A observação do informante expressa um detalhe do que mais adiante será analisado em termos da "síndrome quente–frio". Ao sereno da natureza opõe-se o suor ("sereno" do corpo), o primeiro frio e o segundo quente. O sereno da manhã opõe-se ao da noite em sua relação com o corpo:

Manhã: corpo frio + sereno frio — trabalho (positivo)
Noite: corpo quente + sereno frio — não-trabalho (negativo)

Deve-se notar que nas concepções do grupo estudado o encontro do corpo quente com o sereno frio conduz à doença e esta se expressa fundamentalmente como condição de não-trabalho.

A jornada de trabalho inicia-se idealmente após o café da manhã, composto em geral de feijão com farinha e café preto. Alternativamente, pode constar de leite com cuscuz, inhame ou batata-doce. Enquanto o cuscuz é considerado forte, o pão — "pão da feira" — é fraco. Não se come cotidianamente o pão, não só por ser fraco, mas também por ser comprado. Ele só é usado em ocasiões não cotidianas, como o dia de feira ou quando há visitas, pois é considerado equivalente a biscoitos ou bolos; iguaria, mais que comida.

O almoço, no lugar de trabalho, é composto de feijão com farinha e eventualmente carne e legumes. De noite come-se aipim, inhame ou batata-doce com café ou leite; ou ainda peixe (seco), galinha e cuscuz com café.

O consumo alimentar expressa as concepções do grupo quanto à relação comida–corpo–trabalho, de maneira semelhante a outras partes do país.[18] O alimento considerado *forte* (feijão com farinha) deve ser consumido pelo homem, que realiza trabalhos pesados com maior dispêndio de energia. A comida deve repor a força para que o homem siga trabalhando. O alimento considerado mais *fraco* (leite com tubérculos) deve ser consumido pelo homem quando ele realiza trabalho mais leve, com menos dispêndio de força, assim como pelas mulheres e crianças. O alimento forte deve ser consumido pela manhã, pois é neste período que as tarefas mais pesadas são realizadas, como se pode ver pelo quadro seguinte. O jantar, que será seguido pelo sono, é mais

[18] Ver a esse respeito, de Klaas Woortmann, o artigo "Hábitos e ideologias alimentares em grupos sociais de baixa renda".

fraco, pois o sono, além de ser não-trabalho, é pensado como restaurador de energias.

Etapa	Manhã	Almoço	Jantar
Broca	F	F	F
Derruba	F	F	f
Coivara	F	F	f
Plantio	F	F/f	f
Limpa	F	f	f
Colheita	F	F	f

F: alimento forte
f: alimento fraco
F/f: alimento nem forte nem fraco

Vemos, portanto, que há uma relação entre picos do ciclo agrícola e regime alimentar. A etapa da broca é a única em que todas as refeições são compostas de comida forte, pois é a etapa que mais despende energia e é também aquela mais "masculina". Na limpa, apenas o café da manhã é forte: é a etapa mais "maneira" (ou seja, leve) e também a menos "masculina". O café da manhã é a única refeição que deve sempre ser forte.

Tal como em outros lugares, o almoço tem um sentido simbólico expresso pela presença, quando possível, da carne, a comida "nobre" (além de ser forte). É a comida por excelência, e revela o *status* do pai de família. Ademais, é com freqüência uma refeição pública. Notadamente no caso dos sitiantes fortes, sua presença é fundamental, pois sua ausência indicaria uma condição de fraco ou um fracasso temporário. Há, pois, uma relação entre comida e condição social expressa pelas categorias *forte* e *fraco*.

A depender da distância do lugar de trabalho, o almoço será feito em casa, ou o alimento será levado pela mulher ou por uma criança. Nos locais mais distantes, geralmente de arrendamento, todas as refeições são preparadas pelo próprio homem, nos abrigos temporários onde permanece durante a semana. Longe da casa, portanto, o homem desempenha tarefas "femininas", isto é, superpõe-se o trabalho "feminino" ao "masculino". É então o homem que realiza a "dupla jornada de trabalho". Em casa, ou próximo a ela, isso seria impensável.

A relação entre o consumo alimentar e o trabalho é diferente para as mulheres:

Etapa	Manhã	Almoço	Jantar
Broca	X	X	X
Derruba	X	X	X
Coivara	F	Ff	f
Plantio	F	F/f	f
Limpa	F	f	f
Colheita	F	f	f

X - ausência de participação da mulher na etapa
Ff - alimento forte se disponível; caso contrário, alimento fraco
F - alimento forte
f - alimento fraco
F/f - alimento nem forte nem fraco

Esses padrões alimentares expressam claramente uma relação entre comida, trabalho e gênero. Comparando os quadros, podemos ver que, mesmo realizando tarefas iguais às do homem, o consumo de alimentos fortes pela mulher depende da disponibilidade do grupo doméstico. Em caso de escassez, o consumo desses alimentos será restrito ao marido, em detrimento da mulher e dos filhos. A limpa, como foi dito, é o momento menos "masculino" do processo de trabalho e menos valorizado. É nesse período que os homens migram sazonalmente e as mulheres podem substituí-los, ao contrário de outras etapas. Mesmo substituindo o homem no trabalho, não se observa uma mudança no padrão alimentar da mulher.

Vale notar, ainda, que é apenas entre sitiantes fracos que a mulher participa do trabalho agrícola. Para os fortes, tal participação seria desonrosa, como foi também observado por Dóris Rinaldi Meyer com relação a outro grupo camponês do Nordeste:

> O reconhecimento, por parte do pai, da participação da mulher e das filhas moças no *trabalho* do sítio (...) é vivenciado como uma situação de precariedade na qual ele não tem possibilidade de contratar *trabalhador de fora* (grifos no original).[19]

[19] Dóris Rinaldi Meyer, *A terra do santo no mundo dos engenhos*, p. 80.

A força dos alimentos depende não apenas de suas qualidades intrínsecas, mas também dos temperos adicionados. Assim, o feijão é considerado forte, mas se torna ainda mais forte se temperado com alho, pimenta e coentro, por exemplo. Estes temperos devem ser cultivados pela mulher no quintal e sua ausência seria um sinal de desleixo.

A disponibilidade de alimentos considerados adequados, de acordo com ideais de composição e quantidade das refeições, expressa a competência da dona-de-casa no controle, armazenamento e distribuição do consumo alimentar da família. Uma mulher que não tem tal capacidade de previsão torna-se desprestigiada na comunidade. Essa valorização da boa dona-de-casa diz respeito não só à alimentação cotidiana, mas também aos momentos rituais. Em certas ocasiões festivas, como casamento, deve-se oferecer galinhas aos convidados, principalmente galinha-d'angola de criação própria. Aliás, a presença destas no quintal é considerada um sinal de fartura e da boa administração da dona-de-casa.[20]

Se, como vimos, a mulher recebe os instrumentos de trabalho menos produtivos — mais fracos, poder-se-ia dizer —, recebe também a comida mais fraca.

O processo ideológico está imbricado no processo de trabalho e condiciona a relação entre o consumo alimentar e a participação na produção. Ele faz com que a mulher, ainda que participando da mesma etapa e momento do processo de trabalho, e mesmo que sua produtividade na jornada de trabalho seja idêntica à do homem, não tenha o direito de partilhar do padrão de consumo dos homens.[21] Em

---

[20] Entre os colonos teuto-brasileiros do Sul registra-se um padrão semelhante. Lá é necessário haver "ovos de Páscoa". Não se trata dos ovos de chocolate, comuns nos hábitos urbanos, mas de ovos de galinha, de produção própria, pintados em diferentes cores. No decorrer de uma visita a uma casa de colonos, a mulher ficou visivelmente embaraçada quando se viu uma caixa de ovos que havia sido recentemente comprada. Ela havia escondido os ovos, para que o marido não os visse.

[21] Essa diferença de padrão alimentar entre homens e mulheres, com distinção ao chefe de família, foi observada em vários outros lugares, como no estudo de Klaas Woortmann, "Hábitos e ideologias alimentares da população de baixa renda". Em situações-limite, de extrema penúria, pode ocorrer um efetivo desvio de alimentos para o homem, em detrimento da mulher e das crianças, como mostrou Daniel Gross na obra *The great sisal schene*. Conforme comunicação verbal da Profa. Chyoko Mita, da Universidade de Sophia (Tóquio), no Japão do século XIX e início do século XX, não era raro encontrar, nas áreas rurais, mulheres e meninas desnutridas, enquanto os homens não sofriam de desnutrição, o que expressava a hierarquia familiar.

um paradoxo aparente, a própria mulher, a quem é delegado o *governo* do consumo, é a responsável por essa distribuição desigual dos alimentos.

Além disso, na relação consumo alimentar–trabalho não se leva em consideração o total da jornada efetivamente realizada, mas apenas o que é socialmente — vale dizer, ideologicamente — definido como *trabalho*: as atividades no roçado e com o gado. Subtraem-se, portanto, do total da jornada, as horas empregadas para a realização do próprio consumo (as horas empregadas na cozinha e mesmo no quintal, onde a mulher cultiva, como vimos, os temperos e algumas verduras) e as demais atividades domésticas que liberam a força de trabalho masculina, inclusive tarefas definidas como pesadas pelas mulheres, como rachar lenha. A tarefa de transformar o produto do roçado em comida não é computada, visto que não está incluída na categoria *trabalho*.

O quadro relativo à alimentação das mulheres mostra que elas participam da maioria das etapas do processo produtivo. No entanto, no plano ideológico, o roçado é um espaço masculino. O que parece é que são as etapas iniciais — *broca* e *derruba* — que definem o gênero do processo de trabalho. Essas duas etapas são aquelas de que mais gostam de falar os sitiantes, quando se deixa o discurso fluir espontaneamente, provavelmente por serem elas que marcam a "masculinidade".

O segundo momento do processo de preparo da terra é o de *derruba* e *rebaixamento*. Consiste na derrubada das árvores de maior porte; como na brocagem, só é utilizada a força de trabalho masculina, visto que é também uma atividade pesada e perigosa. O perigo agora é representado pela possibilidade de a árvore "vingar-se" de quem a corta, caindo sobre a pessoa, e pelo uso de um instrumento perigoso, o machado.

O machado é também, pelo seu uso social, um diferenciador de gênero e marcador de hierarquia. O machado utilizado pelo homem para a derruba é o maior, mais novo e mais cortante. Aquele usado pela mulher para cortar lenha para o fogão é o mais velho, leve e menos cortante, já desprezado pelo homem por não mais atender às necessidades do trabalho. Justamente por ser gasto, seu uso implica maior dispêndio de energia física pela mulher.

O rebaixamento, realizado paralelamente à derruba, consiste em cortar os galhos das árvores a serem derrubadas, atividade em que pode ser empregado um membro mais jovem do grupo doméstico, ou assalariado. O mais comum, contudo, é que haja uma alternância entre o corte das árvores, trabalho mais pesado e realizado pela manhã, e o trabalho menos pesado, o corte dos galhos, realizado à tarde.

Este momento do processo de trabalho não pode ser realizado a esmo, ou de forma mecânica. Ele implica o conhecimento detalhado das espécies vegetais: tipo de madeira a ser utilizada para construções ou como lenha — aquela de melhor combustibilidade é destinada à casa de farinha, pois o fabrico desta exige o controle cuidadoso do calor das fornadas; o restante é destinado ao consumo do fogão da casa. Implica também o conhecimento de seu valor de mercado, da maior ou menor dureza (a exigir mais ou menos tempo no corte), das propriedades medicinais, etc.

Este momento tem, então, produtos próprios, pois, junto com o preparo da terra, faz-se uma coleta. Envolve também um saber específico, mais amplo que o de preparar a terra para o plantio e que permite maximizar o resultado econômico do trabalho.

Algumas árvores mais frondosas são deixadas de pé, para servirem de ponto de "descanso", assim como árvores frutíferas e medicinais. O umbuzeiro serve a ambas as finalidades: o umbu é uma rica fonte de vitamina "C" e a copa da árvore dá sombra.

A derruba e o rebaixamento seguem a mesma direção espacial já mencionada, sob a "direção" dada pelo pai de família.

Segue-se agora a segunda etapa, composta pelos momentos de abertura do *aceiro*, da *queima* e da *coivara*.

A abertura do aceiro é uma atividade realizada com a foice, primeiramente, depois complementada com a enxada. Visa a estabelecer um espaço de segurança para impedir a propagação do fogo para além do espaço destinado ao roçado.

Os aceiros formam faixas de segurança que circundam a área a ser cultivada e sua largura é proporcional à altura da vegetação derrubada, à sua maior ou menor umidade e ao seu poder de queima. É proporcional também à altura e às demais características da vegetação circunvizinha que se deseja preservar. A confecção dos aceiros implica, pois, um cálculo cuidadoso da projeção do fogo, pressão barométrica, direção predominante e intensidade dos ventos, combustibilidade da vegetação, etc. Esse momento do processo de trabalho exige, para seu cálculo, uma gama de conhecimentos cujos frutos se farão sentir a curto prazo — diferentemente do plantio, por exemplo, cujos resultados somente se manifestarão na colheita.

O aceiro "bem-feito, limpinho" é indicador de um sitiante responsável, organizador eficiente do processo de trabalho. Não se deve fazer um aceiro largo demais, o que seria um desperdício. Deve ser feito "no tanto que precisa". O desperdício de trabalho, de tempo, de terra e de sementes contraria frontalmente a ética camponesa. Poupar recursos é componente central de todo o cálculo da sua produção.

A abertura dos aceiros é também um referencial para eventual acesso a terras arrendadas, só concedidas àqueles considerados "interessados", isto é, capazes de realizar um trabalho "caprichado". Vale notar que o aceiro é muito mais visível que o resultado do trabalho nas etapas anteriores. Assim, a qualidade do trabalho num momento específico do processo total projeta e evidencia a competência do trabalhador para as demais etapas e seu reconhecimento como bom lavrador. O êxito na produção, em si mesmo, é secundário, pois depende de imponderáveis que escapam ao controle do produtor. Mas o capricho na construção do aceiro e no processo de trabalho em geral depende apenas dele e de seu domínio sobre o saber necessário.

Vale notar que, segundo os sitiantes, "ninguém tem culpa de ser fraco", mas alguém pode ser culpado por não ser caprichoso. Se existe solidariedade entre sitiantes nos momentos de fracasso, ela é maior para com um sitiante eventualmente fracassado, por circunstâncias fora de seu controle, mas caprichoso.

A construção dos aceiros obedece a uma lógica que depende da forma de acesso à terra. Quando o cultivo se faz em terra própria, ele circunda a área designada para plantio, através do trabalho individual (ou de um único grupo doméstico). Se for feito em terras arrendadas, com áreas contíguas a serem plantadas, o processo de trabalho passa a ser realizado em conjunto por todos os arrendatários. Nesse momento, eles como que "fundem" numa só as áreas em que cada um trabalha, ou seja, faz-se um único aceiro para todos os terrenos cedidos em arrendamento, desde que contíguos.

Se para o proprietário áreas contíguas possibilitam economia de cercamento, para os arrendatários elas possibilitam estratégias que minimizam o dispêndio de força de trabalho, maximizando seu uso e distribuindo os insumos despendidos, de maneira equalizada, entre todos.

Nesses casos, surge uma especificidade. Se o trabalho no sítio é governado pelo chefe da família, aqui, havendo vários deles envolvidos, não é nenhum deles que "dá a direção" em decorrência de sua condição de pai de família. A direção é delegada àquele que tem reputação de ser o melhor especialista. Trata-se de uma deferência que evita choques de *status*, implicando o reconhecimento de outro *status*, relativo mais ao prestígio interindividual que à hierarquia familiar. Por um momento, muda-se de registro. O princípio do poder é substituído pelo da precedência de autoridade.

Por outro lado, se todos trabalham em conjunto, cada um "fica de olho" no trecho que lhe interessa. Se há semelhanças com o mutirão realizado no sítio, neste último sempre existe o governo simbólico do dono da terra.

Concluído o aceiro, inicia-se a queima, momento crucial na transição do espaço ainda natural para um espaço "cultural", onde se constituirá, pelo trabalho, a *terra de trabalho*, que é também *terra de cultura* (cultivo).

É o fogo que opera essa mediação entre natureza e cultura, como que lhe atribuindo um significado simbólico comum a outras culturas, o que em nada diminui seu sentido prático. "É o fogo que doma a terra. Sem fogo não pode fazer a planta". É considerado extremamente perigoso, pois, nas representações locais, é então que a natureza (categoria do próprio grupo) tem sua última oportunidade de "vingança", de agir contra seu agressor. Ela se vinga com força, com a imprevisibilidade do fogo e dos ventos, que devem ser *domados* pelo homem, o único que possui a força física e a força do conhecimento para controlá-los. A natureza tanto pode agredir o homem diretamente, queimando-o, ou indiretamente, pelo ataque dos animais por ele atingidos.

Sendo um momento de passagem, a queima não deixa de ter seu aspecto ritual, por meio de uma festa para a qual se convidam parentes e vizinhos (homens), aos quais oferecem-se bebida (cachaça) e comida (carne). Essa festa é a reunião de um grupo de idade masculino, isto é, daqueles que atravessam a mesma fase de vida e trabalho juntos, especialmente os momentos difíceis, coletivos, como a seca, ou individuais, como o "fracasso" (situação de "precisão" causada por doença, acidente ou outro fator imponderável e fora de controle) que demandam solidariedade.

A queima toma a forma de um mutirão, representado como festa, cujos participantes são definidos como "convidados". O convite é feito com antecedência, com dia e hora marcados, o que é possibilitado pelo fato de não ser época de chuvas. A hora é geralmente o meio-dia, quando o calor é forte e a vegetação derrubada está seca. O dia nunca coincide com a feira semanal.

Diferentemente de outras etapas ou momentos, na queima o trabalho é conjunto, ao invés de restrito ao grupo doméstico (acrescido, eventualmente, por assalariados), e é realizado num só dia, em poucas horas, e não através de uma seqüência de dias. A festa realiza-se num local específico, embaixo de uma das árvores que foi deixada de pé (e protegida do fogo). É nesse local que se fará a distribuição da comida e da bebida rituais (carne e cachaça), que contrastam com a refeição cotidiana (feijão, farinha e água), e é também de onde partem as tochas que atearão fogo, simultaneamente, em pontos determinados.

A queima, como festa, não tem hora para terminar — termina quando a comida e a bedida acabarem; enquanto processo técnico perigoso, acaba quando tudo está queimado e não há mais perigo de o fogo se expandir para fora da área desejada. É então que "a bebida corre solta". Quando o fogo está sob controle, os homens podem "ficar de fogo".

Toda a queima deve ser feita de uma vez só. Ao contrário, a jornada de trabalho comum encerra-se a critério do chefe de família, por volta das cinco horas da tarde. Finalmente, se antes e depois a área a ser cultivada era aberta ao tráfego de mulheres e crianças, trazendo comida e água, nesse momento ela lhes é interditada, tornando-se um espaço estritamente masculino.

Na queima, ao contrário dos demais momentos, a força de trabalho é recrutada pelos laços de parentesco, vizinhança e compadrio, que geralmente se superpõem. Nos outros momentos, como vimos, podem ser contratados assalariados. É preciso notar que parentes nunca são assalariados pelos sitiantes.[22] Portanto, o momento que conta com a presença de parentes, "convidados", distingue-se radicalmente dos demais. O espaço de trabalho, além de tornar-se estritamente masculino, torna-se também um espaço de parentesco, e nele se fala o *idiom of amity*.[23]

O que é consumido nesse momento de trabalho e festa poderia ser considerado pelo observador externo como remuneração, mas

---

[22] Cf. Klaas Woortmann, "Com parente não se neguceia".

[23] Cf. Meyer Fortes, *Kinship and the social order*.

não é assim que os sitiantes concebem essa relação. Pelo contrário, ela é percebida como uma troca espontânea, como parte de um circuito de reciprocidade entre chefes de famílias relacionadas pelo parentesco. Mas não tão espontânea assim. Como dizia um deles: "Hoje eu vou convidado para o sítio de um, porque amanhã eu vou ter de convidar ele".

Embora todos conheçam muito bem os detalhes do trabalho a ser feito, o governo é do dono da terra, que noutro momento irá obedecer à direção de outro, num circuito de troca de hierarquia entre chefes de família. A linguagem da reciprocidade, que supõe igualdade, não elimina a linguagem da hierarquia. São todos pais de família — pois só estes têm a responsabilidade que o empreendimento requer — iguais em honra.

Por isso mesmo, nos termos da cultura local, a queima não pode ser considerada, como os demais momentos, trabalho, pois o uso social da força de trabalho é distinto. Na concepção local, ele é concebido como *ajuda* que o grupo de parentes e vizinhos presta àquele que dela necessita. É o grupo que "colabora com o pobre [trabalhador] para dominar o mato e o fogo".

Terminada a queima — e a festa — ocorre o *descanso*. Trata-se tanto do descanso dos homens, pois ficarão alguns dias sem trabalhar, como da terra, que precisa de "um tempo para esfriar a cinza". Ao contrário do tempo da queima, que é praticamente o mesmo, quer se trate de mato ou de capoeira, o descanso é variável, demorando mais quando se trata de mato, que resulta em maior quantidade de cinzas e cuja madeira é *forte*, enquanto aquela que provém da capoeira é *fraca*. Ao mesmo tempo, de um modo geral, a terra que era coberta de mato é mais forte que aquela coberta de capoeira e, por isso, dizem, precisa esfriar mais.

Quando se trata de terra arrendada, a queima, como o aceiramento, é também feita em conjunto, mas sem o sentido de festa. Neste caso, o espaço da queima é cercado pela *propriedade* e não pelo *sítio*, espaço simbolicamente central do *mundus* camponês.

Após a queima, segue-se a *coivara*. No dizer dos camponeses do lugar, a terra agora já está "domada". Isto significa que o domínio do homem sobre a natureza já se concretizou, e que ela agora se tornou "mansa", sem perigo. Por isso, pode entrar em ação agora, pela primeira vez no processo, a força de trabalho feminina.

Estabelece-se então um novo movimento, a um tempo técnico e simbólico da hierarquia: entrando no campo queimado, na frente vai o pai de família, seguido pelos filhos maiores, empunhando machados; atrás vão a mulher e os filhos menores, empunhando foices. Deve-se notar que a foice de uso feminino não é a mesma utilizada pelo homem em outra etapa, como já foi dito.

A hierarquia expressa-se pelos instrumentos usados por cada um: machado pelo homem, foice pela mulher e filhos. Expressa-se, também, de maneira associada aos instrumentos, pelas atividades de cada um: os homens retiram do campo, já antes da queima, a madeira grossa, própria para a construção de cercas, para o madeirame de casas e para lenha destinada à casa de farinha, ou ainda para ser comercializada. A mulher e as crianças retiram a lenha mais fina, a ser utilizada na cozinha.

O processo de trabalho no espaço do que será o roçado replica, pois, os espaços sociais do homem e da mulher: o que o homem faz está referido ao espaço da produção e das relações externas; o que a mulher faz está referido ao espaço da casa e do consumo. O que o homem faz tem um uso alternativo: tanto pode ser insumo interno para a produção, como pode se tornar mercadoria. O que a mulher faz tem apenas valor de uso no âmbito doméstico.

Por outro lado, a atividade específica de cada um pertence a categorias distintas: o homem faz a *pinicagem*, isto é, espalhar as cinzas e retirar madeira não-carbonizada; a mulher e as crianças, a *repinicagem*, isto é, retrabalham o que foi deixado pelo homem.

O preparo da terra encerra-se, de um ponto de vista "técnico", com a coivara. Tomado em conjunto, é uma etapa que se encerra com o terreno "limpo": "Olha, depois que está tudo limpinho, é aquela lindeza, é esperar que Nosso Senhor mande um bom inverno para então trabalhar de novo".

Mas o processo de preparo da terra, como um todo, também envolve uma dimensão mágico-religiosa: *frills*, como diria Leach, mas essencial do ponto de vista dos sitiantes.

Como dissemos, a natureza revida com o ataque de animais. Dentre eles, a cobra é sem dúvida a mais mencionada. Ela habita o imaginário do grupo de forma significativa. Contavam-se casos e mais casos de cobras que "pularam do mato e morderam pessoas no pescoço", que "entraram na casa picando crianças no berço", que "gostavam de mamar no seio de mulheres 'paridas' quando estas dormiam", etc.

Por isso, um dos especialistas mais importantes para o êxito do processo de trabalho é o "espantador de cobras", que reza a roça antes do plantio. A reza, que inclui pais-nossos e salve-rainhas, é acompanhada pela colocação de pedras benzidas em diferentes locais do espaço da roça, que fica assim "fechada". O espantador constrói como que uma cerca mágico-religiosa, que torna o espaço protegido contra a invasão de peçonhas. Às vezes, o rezador é pago em dinheiro, mas sempre cabe a ele um agrado, as primícias da colheita no espaço rezado: um pouco do feijão ou uma "mão de milho, do mais bonito".

A força mágica da reza mantém-se enquanto o rezador estiver ativo em sua prática. Quando ele morre, ou mesmo se ficar impossibilitado de continuar a prática por invalidez, o encantamento deve ser refeito por outro espantador.

Os espantadores de cobra são sempre homens, velhos e com a saúde abalada, segundo dizem, por efeito da perda de força acarretada por seu trabalho mágico. Mulheres também exercem as artes da magia, mas não com relação ao mato e à roça.

Ao poder do fogo, controlado pelo pai de família e pelos participantes do mutirão, é necessário acrescentar, pois, o poder da magia na domesticação da natureza, dada a força do mato. É como se fosse um aceiro mágico-religioso, protegendo o *mundus* da produção.

Significativamente, quando se trata da malhada, geralmente não é necessário recorrer à magia como proteção contra cobras. O espaço da malhada já foi de chão de roça e, no passado, lá se fizeram uma derrubada e uma queima. Mas ele nunca retornou ao estado de mato. Pelo contrário, a malhada é "a terra mais mansa que existe". No entanto, é o espaço produtivo mais vulnerável ao "mau-olhado", depois do quintal, podendo exigir outra forma de proteção mágica.

O preparo da terra não se confunde com o preparo do solo, o que será visto mais adiante. No preparo da terra não se trabalha o solo; o trabalho incide sobre a cobertura vegetal que o reveste, descobrindo, por assim dizer, a terra. Eliminando-se o mato, a terra é revelada, como resultado da luta entre o homem e a natureza. Enquanto a preparação da terra é um enfrentamento com os perigos da natureza indomada, o preparo do solo é o trabalho sobre a terra domada.

Contudo, se o fogo "amansou" a terra, ainda não se constituiu a *terra de trabalho.*

"Depois que está tudo limpinho (...) é esperar que Nosso Senhor mande um bom inverno (...)". De Deus depende, então, a possibilidade de prosseguir o trabalho, de se chegar à lavoura. Sem a chuva, não há terra de trabalho. A terra está limpa, mas "o chão não pode ser plantado, ele não deixa plantar porque está muito duro e a planta não vinga". Há de se esperar pela chuva, o "trabalho de Deus", como dizem, do qual dependerá a produção agrícola, a "riqueza de Deus". Pelo trabalho do homem, a terra está pronta para recebê-la, como que numa troca.

Mas, com freqüência, a chuva não vem. Pelo contrário, vem a seca. Ninguém daqueles com quem conversamos nos explicou a seca como um fenômeno meteorológico; ela era explicada como sendo "o castigo de Deus" provocado pela "maldade dos homens".

Para os sitiantes, a natureza não tem apenas suas leis próprias, como um domínio em si, ao contrário da percepção científico-ecológica do pensamento ocidental; ela é concebida como um instrumento de Deus, o qual se manifesta diretamente aos homens por meio dela. A vontade da natureza é a vontade de Deus. Se uma árvore cai sobre uma pessoa, o fato é interpretado como sendo vontade divina e ao mesmo tempo vingança da natureza, sempre perigosa e imprevisível quando o homem a ataca.

Se a seca é o castigo, a chuva é a bênção. Participamos de uma procissão, sem a presença de um padre, em que foi conduzida a imagem do santo padroeiro de um bairro rural, para que este santo intercedesse junto a Deus, perdoando os pecados e "mandando a bênção da chuva". Se a chuva é o "trabalho de Deus", ou a "mão de Deus", ela só virá mediante o trabalho dos homens, que os torna merecedores da bênção. Afirmam alguns que "sonhar com água limpa é bom; é bênção".

Antes de prosseguir com o processo de trabalho, devemo-nos deter em algumas categorias fundamentais a ele ligadas: *terra de trabalho* e *terra de gado.*

Terra de trabalho, enquanto conceito relativo a uma ordem moral, define a área onde o homem pode realizar trabalho honrado, produtor de riqueza legítima (em oposição ao *enricamento* ilegítimo do comércio). Não só isso, mas é também a maneira de o homem e a terra se realizarem: a terra produzindo alimentos para o homem, e este investindo nela o seu "suor". Os alimentos que a terra "dá" são como que uma retribuição, numa relação de troca e de respeito.

A expressão tem ainda uma conotação político-social, expressando uma distribuição fundiária injusta, em contraste com o "tempo dos antigos", quando a terra "era solta":

> O fraco que trabalha a terra é obrigado a fechar [com o capim] a terra para o proprietário. Depois, onde vai trabalhar, ter o de comer? O fraco só come se trabalhar e amanhã onde vai trabalhar, se está tudo fechado com capim? Deus dá a terra, mas o que adianta se *os homens,* em vez de deixar o fraco plantar seu alimento, deixar a terra produzir o legume, só mandam encher esse mundo de capim para os bois?

A fala expressa certas oposições sociais. À terra de trabalho contrapõe-se a terra de gado, uma terra que não se realiza, segundo a ética camponesa do sitiante: ao invés de produzir riqueza, "não produz nada". O fraco, categoria que engloba todos os sitiantes em face dos proprietários, aqui se refere especificamente aos arrendatários, que se opõem aos *homens*, os poderosos, "donos da nação".[24] A terra, dada por Deus, é "fechada" pelo próprio trabalho, num paradoxo explicado pela ambição dos *homens*. O trabalho de hoje leva, contraditoriamente, ao fim do trabalho de amanhã e ao *cativeiro*.[25]

Terra de gado envolve, portanto, uma contradição em face do *mundus* camponês, ordenado e estável numa troca equilibrada com a natureza, e representa ameaça à sua reprodução e à dos indivíduos que nele se movem.

O conceito de terra de gado refere-se ao derradeiro e mais completo *enclosure* na região. Com o capim, encerra-se um processo secular, visto que, nas antigas formas de arrendamento, a terra destinada ao gado não deixava de ser terra de trabalho renovável, ainda que subor-

---

[24] Essa percepção coincide fortemente com a designação dos poderosos como "os homens", registrada por Lígia Sigaud entre *moradores* (trabalhadores residentes de *plantations* açucareiras nordestinas), no artigo "A nação dos homens", *Anuário Antropológico 78* (1980), pp. 13-114.

[25] A noção de *cativeiro*, associada à imagem da "besta-fera", foi analisada por Octávio Velho no artigo "O cativeiro da besta-fera", *Religião e Sociedade, 14* (1987), pp. 4-27.

dinada ao proprietário. Terra de gado é um conceito histórico com uma perspectiva — ou falta de perspectivas — voltada para o futuro, com sentido apocalíptico. As terras "soltas" têm também um significado histórico, mas voltado para o passado, tempo de liberdade, como vimos.

Vemos, então, que terra de trabalho expressa uma ética e uma moralidade num universo camponês que se opõe ao "mundo dos homens".

A construção do solo

Retornemos ao processo de trabalho. Sua segunda etapa é formada por dois momentos distintos: o preparo do solo e o plantio.

Devemos ressaltar que o processo de trabalho, como um todo, pode sofrer a interferência de circunstâncias específicas que o impedem de se completar. A distância entre a casa e o lugar de arrendamento, que tende a aumentar com a expansão das pastagens plantadas, ou o atraso das chuvas podem fazer com que o camponês interrompa o processo ao final da etapa de preparo da terra, que não se confunde com o preparo do solo, como mencionado.

Ele se limita, então, à apropriação da madeira e da lenha como produto de seu trabalho para si, fechando em seguida a área trabalhada com capim, produto do trabalho para o *outro*. Assim, o que seria uma terra de trabalho se transforma de imediato em terra de gado sem ter-se tornado chão de roça, termo que neste contexto não designa um tipo específico de solo, oposto à malhada, como vimos, mas ao lugar da lavoura.

A terra, então, "não produziu o legume para o povo", mas apenas "o capim para o gado dos homens". Contudo, isso pode também ser uma estratégia para os sitiantes que possuem casa de farinha, quando a lenha, de difícil obtenção, pode ser mais valorizada que a produção agrícola realizada em terra arrendada, mesmo porque a produção de mandioca é agora nela proibida. Essa estratégia é utilizada principalmente em grupos domésticos com excesso de força de trabalho, geralmente de jovens, após concluído o preparo da terra própria. É uma forma de ocupar esse contingente que, de outra forma, ficaria ocioso.

Essa estratégia envolve o cálculo do que representaria o desgaste físico das etapas subseqüentes e do investimento em sementes e demais insumos, assim como as chances de êxito na colheita e o custo do plantio do capim, pagamento da "dívida" contraída com o proprietário das terras.

A preparação do solo leva em consideração a adequação entre as qualidades do solo, a pluviosidade, a disponibilidade de força de trabalho, as necessidades de consumo do grupo doméstico, as perspectivas de comercialização, a forma de acesso à terra e as características dos produtos a serem plantados. Ela envolve, portanto, uma série de cálculos, ainda que não numéricos.

O que queremos ressaltar aqui é que, ao contrário da agricultura moderna "racional", capitalizada e voltada exclusivamente para o mercado, os sitiantes adequam as plantas (vale dizer, aquilo que irão depois comer) ao solo, e não, como na agricultura "moderna", o solo às plantas, isto é, ao mercado. Em outras palavras, não se "corrige" o solo com insumos industriais (só se corrige o que está errado, e para os sitiantes não existem solos "errados"); planta-se aquilo que o solo "dá", naturalmente. Nas representações dos sitiantes estabelece-se uma relação de troca entre o homem e a terra: o homem investe trabalho e em troca recebe a produção, mas a natureza deve ser respeitada, não deve ser agredida com corretivos químicos, pois ela poderá "vingar-se", "envenenando o mantimento". O modelo camponês procura realizar as potencialidades da natureza diante das demandas do homem.

O saber e a prática dos sitiantes não impõem ao solo as exigências do mercado. Estabelecem, pelo contrário, uma negociação entre as necessidades da família e as potencialidades da terra. Há como que um diálogo entre o que a família precisa e o que a terra pode oferecer. A sabedoria está justamente nesse diálogo, que faz o êxito do modelo camponês.

O preparo do solo sofre restrições impostas pela estrutura fundiária, pois o arrendamento, fundamental para a maioria dos fracos, restringe as opções, limitando o cultivo apenas ao modelo de chão de roça; em terras arrendadas, não há como desenvolver o modelo de cultivo intensivo da malhada. Contrariamente ao que ocorre no sítio, tal restrição decorre não do tipo de solo disponível, mas do tempo que o roceiro tem para o cultivo da terra: apenas um ano agrícola. Assim, o arrendamento torna impossível qualquer investimento de trabalho e de saber, a mais longo prazo. O trecho transcrito dá-nos a dimensão desse fato:

— Botar unto lá é botar ele fora, quer dizer, é botar ele para o capim dos bois, porque passou o tempo da produção, tem que entregar a terra.

— E não dá para renovar o trato?

— Ah! Isso eles não fazem de jeito nenhum, o que botou lá, perdeu, só tira mesmo a produção daquele ano. Depois o capim cobre tudo.

A transcrição revela uma das dimensões da subordinação do camponês e, do seu ponto de vista, o absurdo da lógica do pecuarista: mesmo na presença das "veias de areia", em terra arrendada nunca se constitui a malhada, terra de trabalho por excelência; a primeira forma de uso da terra já conduz, diretamente, à terra de gado.

No sítio, o preparo do solo, que se segue ao da terra, sempre se inicia na forma de chão de roça. Apenas nos solos percebidos como *frios* e planos ocorre, em momento posterior, o preparo sob forma de malhada, como será adiante examinado em detalhes.

O sistema de chão de roça é o que se segue imediatamente à queimada e à coivara e pode ser repetido a cada três, ou excepcionalmente a cada seis anos, a depender da *força* da terra, que depende da cobertura vegetal anterior, isto é, da quantidade de material orgânico depositada. Neste sistema não se aduba o solo. A adubação já foi feita pelas cinzas resultantes da queimada; o que se faz é apenas espalhar essas cinzas pelo terreno de maneira mais ou menos uniforme. Posteriormente, são abertas as *covas*, cujas dimensões variam de acordo com as características do terreno e com os produtos a serem plantados, entre 20 e 40 cm de diâmetro por 15 a 25 cm de profundidade.

O movimento de abertura das covas segue a mesma direção dos momentos anteriores do processo de trabalho: da casa, ou da rodagem, para o interior. "Oficialmente", o responsável pela abertura das covas é o pai, ou um homem adulto que eventualmente o substitua, pois aquele que executa essa tarefa é também aquele que está definindo vários aspectos cruciais do processo: os produtos a serem produzidos nesse local e nesse ano agrícola; o tipo de consorciamento a ser realizado (que determina o distanciamento entre as covas) e a decorrente quantidade de cada produto.

Nesse plano, o do público, podemos dizer que a hierarquia social do processo de trabalho relaciona-se à "hierarquia" dos produtos, pois existem aqueles mais e menos importantes, a depender de uma série de cálculos, como, por exemplo, o que se destina ao autoconsumo e o que se destina à comercialização tanto quanto ao consumo. Cabe ao pai definir essa estratégia, que varia de ano para ano. Finalmente, ele estará também definindo, pela seleção do que será plantado, o tempo da produção e a possibilidade de novo plantio no mesmo ano agrícola. Na realidade, porém, no plano do privado, o que ocorre é uma negociação entre o pai e a mãe de família, visto que é ela quem controla o consumo alimentar do grupo doméstico.

À diferença da etapa anterior, quando uma multiplicidade de instrumentos de trabalho foi empregada, agora usa-se principalmente a enxada, sempre a mais nova ou aquela em melhores condições.

A abertura das covas pode ser seguida imediatamente pelo plantio, ou podem se passar alguns dias entre os dois momentos. No entanto, ela é pensada como um momento distinto, mesmo que o plantio se faça logo em seguida. Isto porque abertura de covas e plantio são considerados atividades diferenciadas pelo gênero e pela idade dos atores. Podemos ver três momentos que se seguem: a abertura da cova pelo pai; o plantio pela mulher; o fechamento da cova pelas crianças ou pela mulher, quando não há ainda crianças.

Ao longo do processo de trabalho observa-se uma divisão de trabalho entre homens e mulheres, que corresponde também, como foi visto, a uma divisão de alimentos em fortes e fracos. Essa divisão de trabalho, que está longe de ser meramente técnica, observa-se, ainda que com variações, também em outros grupos camponeses, revelando o processo de trabalho como construtor do gênero. Vale intercalar aqui o que foi observado por Almeida, em Santa Terezinha:

> Durante o preparo da terra e o plantio, o mundo da roça pertence exclusivamente ao homem; somente ele pode trabalhar nela. Durante a colheita, a mulher invade este meio e trabalha ombro a ombro com o homem. Em oposição a isso, a cozinha é um mundo exclusivamente feminino; somente ela trabalha lá. O homem só invade a cozinha na hora de comer. Temos assim dois domínios exclusivos, um de cada sexo: a cozinha da mulher e a roça do homem, que só são invadidos pelo outro sexo na hora em que o produto deste domínio — no caso da roça, o legume; no caso da cozinha, a comida — está no ponto de ser apropriado (...). Assim, do mesmo modo que o homem não interfere no trabalho da cozinha, pois estragaria [a

> comida], a mulher não interfere no trabalho da roça, pois prejudicaria o legume. Na hora em que o legume está maduro, pronto para ser colhido, nada mais pode estragá-lo, daí se poder recorrer ao braço feminino. Igualmente, na hora em que a comida está cozida, pronta para ser comida, o homem tem permissão de entrar na cozinha.[26]

Almeida conclui que existem delimitações espaciais cuja transgressão resulta em punição. Ao que parece, a invasão dos espaços referidos a cada sexo é punida por Deus. Se a mulher invade o espaço do homem, "empata a colheita". Se o homem invade o espaço da mulher, "empata a comida".

Entre os sitiantes sergipanos, a mulher participa do plantio e não apenas da colheita. Como dizem os sitiantes, a mulher "tem a mão mais fina para lidar com as sementes". Mas tal participação é condicionada pelo seu ciclo fisiológico. Mulheres menstruadas não podem participar do plantio; se o fizerem, a plantação "empata", "o legume não prospera", "a semente envenena". Pelo contrário, mulheres grávidas podem, e de fato devem participar do plantio, a não ser nos últimos meses, pois nesse estado elas "têm mão boa para plantar"; tudo o que plantarem irá "desenvolver". Dissemos "pelo contrário" porque a gravidez é concebida como o oposto da menstruação. Esta última é percebida como uma espécie de gravidez perdida e como um estado de perigo simbólico. Como disse uma sitiante viúva: "mulher prenha tem mão boa para tudo". Em contraposição, "mulher de bode tem mão ruim, não deve plantar, porque, se pegar, a planta dá fraca". Além disso, a mulher menstruada não deve trabalhar na roça porque não se deve expor ao Sol: "o Sol faz o sangue subir para a cabeça". Igualmente, deve evitar comidas como guiné (galinha-d'angola) e "peixe de couro", que são "carregados".

Como já vimos, entre os sitiantes, o homem não entra no quarto onde se realiza o parto (nem, hoje em dia, no hospital), além de evitar entrar no quarto das filhas. Tampouco entra na cozinha quando se prepara o alimento, porque "prejudica o trabalho da mulher", "pode estragar o fogo", "pode derrubar a panela". Na cozinha, o homem é desordem, como o é a mulher menstruada na roça (ou em qualquer estado fisiológico, no espaço ou momento da derrubada e da coivara).

O segundo sistema de preparo do solo é o de malhada, onde se faz a lavoura intensiva, distinta daquela do chão de roça, utilizado na terra

[26] Roberto Almeida, *O saber camponês* (dissertação de graduação), p. 53.

fria, que se apresenta sob a forma de "veias de areia". Esse tipo de solo é altamente valorizado e integralmente utilizado ano após ano. Conforme pudemos observar, utilizam-se até mesmo as faixas laterais das rodovias, inclusive o acostamento, como no município de Areia Branca. A presença ou não de "terra de malhada" num sítio determina seu valor imobiliário, mais do que as benfeitorias eventualmente presentes.

O preparo da malhada supõe uma utilização anterior do solo pelo sistema de chão de roça, que se segue à derrubada, queimada e coivara do mato, ou da capoeira. Em outras palavras, o sistema de chão de roça pode ser um sistema agrícola em si mesmo — um sistema de *fallow*, ou de rotação de terras — ou pode ser um pressuposto do sistema de malhada. Isto é, o uso agrícola num sistema pode ser uma etapa do preparo do solo em outro sistema, que se seguirá ao primeiro na presença da terra *fria*.

Enquanto o sistema de chão de roça supõe uma terra *forte*, *quente*, *descansada* e *vitaminada* pelas cinzas, o sistema de malhada supõe uma terra *fraca*, cuja *vitamina* foi exaurida pelo cultivo anterior, e que é *fria*. Se o chão de roça é uma terra construída, a malhada é uma terra reconstruída. Num determinado plano, um sistema é o oposto do outro, e são percebidos como radicalmente distintos: o primeiro implica um ciclo onde se retorna ao mato, enquanto o segundo é contínuo. Em outro plano eles não se opõem, mas se complementam no tempo.

O sistema de malhada consiste na edificação de montículos de areia — as *covetas* — cujo diâmetro varia segundo o tipo de areia. Na areia fina, mais apreciada, são construídos montículos com dois palmos de altura (acima da superfície), um palmo de profundidade (abaixo da superfície) e três palmos de diâmetro. Na areia grossa os montículos são menores: um palmo e meio de altura, um de profundidade e dois de diâmetro.

O distanciamento entre as covetas varia de dois a três palmos no sentido longitudinal — "para cima", como dizem — a depender do tipo de consorciamento e da planta principal, mandioca ou inhame, mas é sempre de três palmos no sentido transversal — "para o lado".

A construção da coveta obedece aos seguintes passos: a) abertura de uma cavidade um pouco menor que o diâmetro final, tendo-se o cuidado de deixar em separado a fina camada húmica, que restou junto com a vegetação rasteira criada desde o último plantio, e o restolho da produção anterior, que compõem o adubo verde, por eles considerado fraco; b) reintroduz-se parte desse adubo dentro da cavidade e acrescentam-se cerca de três mãos cheias de esterco seco; c) cobre-se cuidadosamente o esterco com o resto da camada húmica e com a areia restante.

Construir as covetas exige técnica e habilidade bastante aprimoradas, e por isso mesmo é vedado às crianças. Fazer covetas corresponde a passar da infância à fase adulta, definida nesse plano ideológico pelo domínio do processo de trabalho. O seguinte diálogo esclarece a questão:

— E quem faz coveta, seu Juvêncio?

— Bem, de nós aqui [referindo-se ao seu grupo doméstico], só eu, mais a Antonia [esposa] e o Jovelino [filho mais velho].

— E os outros, não? [referimo-nos a uma filha de 12 anos e a dois filhos, de 10 e 7 anos]

— Não, esses não, eles só fazem ajudar: trazer o unto, carregar água para nós, coisas assim. Fazer coveta é muito difícil, tem de saber usar a enxada bem.

— Tem de ter força?

— É não, força nem é tão importante, tem de saber trabalhar bem. Se um dos meninos pega a enxada e mexe na coveta, faz é perder o unto e a terra fica sem a vitamina para produzir. O mesmo é quando vai limpar, corta a raiz [da mandioca ou da batata-doce], ou desmancha a coveta ... Menino tem de aprender no chão de roça, que é duro e não carece de ter tanto cuidado.

O chão de roça, portanto, não produz apenas agricultura, mas também agricultores, na medida em que é um "campo de treinamento" para futuros sitiantes. A diferença entre chão de roça e malhada, além de seu significado para a lavoura, expressa também uma hierarquia entre uma força de trabalho "plena", plenamente habilitada, e outra complementar, ainda em formação. A passagem espacial de um tipo de solo para outro marca uma passagem no ciclo de vida.

Contudo, o fato de um jovem ter sua capacidade de trabalho reconhecida não significa que receba a investidura do gerenciamento da produção. O governo continua a ser do pai, e o homem jovem só passará a "dar a direção" quando ele próprio for casado e responsável por sua família.

Mas não é só no chão de roça que se dá o treinamento. Meninos e também meninas, por volta dos 14 anos, recebem uma pequena extensão de malhada, separada da principal, para que "tomem gosto". O pai lhes "dá o terreno" e também lhes "dá o tempo" numa área marginal e que não entra no cálculo da produção familiar, onde se ocuparão durante um tempo também marginal. Quando mais velhos, o produto de seu trabalho será seu, juntando-se ao valor do gado que receberam por ocasião do batizado.[27]

Ocupando um espaço marginal e usando instrumentos também marginais (as enxadas velhas), a criança realiza suas experiências de construção de covetas e desenvolve sua habilidade no manejo dos instrumentos que a tornarão apta, no futuro, a participar das atividades produtivas, sem pôr em risco a produção do grupo doméstico.

Em geral, o tempo concedido pelo pai corresponde ao dia de feira. Como disse um sitiante: "Assim toma gosto de trabalhar, em vez de dar o dinheiro para os outros, comprando bobagem". No espaço separado, os filhos também escapam dos castigos por seus erros, castigos que continuam até a maturidade, e cuja severidade leva alguns a fugir, ou por meio de um casamento, ou indo embora para São Paulo.

Esse espaço separado, seja de chão de roça, seja de malhada, é reservado para o aprendizado e para a poupança própria dos filhos. Corresponde ao "roçadinho", descrito por Garcia Jr.[28] com relação a camponeses de Pernambuco. Mas ele não existe apenas para o aprendizado dos filhos. Serve também para que o pai experimente alguma nova variedade de planta ou forma de consorciamento, algum tipo de adubo ou outra técnica qualquer, sem comprometer a roça principal da família, da qual depende seu sustento e na qual não se pode correr riscos.

Nos vários espaços do sítio ocorre um processo de ensino-aprendizagem. Existe o que se poderia definir como um circuito de

---

[27] É costume na região que o padrinho presenteie o afilhado ou afilhada com uma bezerra ou, no caso dos mais pobres, com alguma *miunça* (animais de pequeno porte). Neste último caso, ao longo do tempo, eles se "transformam" em gado, fundamental para o casamento dos filhos e filhas de sitiantes. O "ciclo evolutivo do gado" foi analisado por Ellen F. Woortmann, em *Sitiantes e roceiras: a reprodução camponesa num contexto de pecuarização* (dissertação de mestrado).

[28] Cf. a obra *Terra de trabalho*.

aprendizagem, que culminará na definição da pessoa como sitiante. Pequenos, meninos e meninas recebem a atribuição de cuidar das galinhas, alimentando-as e aprendendo a "deitar os ovos" de modo a otimizar o choco e obter o maior número possível de pintos, localizar galinhas fugidas, recolher os ovos, etc. Este aprendizado se dá no espaço do quintal, definido como domínio da mulher. Em situações normais, na ausência de seca ou de "precisão" da família, a criança recebe uma pequena recompensa (um doce, uma peça de roupa) como incentivo pelo interesse, isto é, pela tarefa bem realizada.

A depender da composição do grupo doméstico em seu ciclo de desenvolvimento e da compleição física da criança, esta, entre sete e oito anos, passará a cuidar da criação dos animais de médio porte, principalmente ovelhas e cabras. No caminho para a escola, esta leva os animais para alguma pastagem disponível, de forma articulada à tarefa de levar comida e água para o pai na roça. Nessa idade, a criança é autorizada a plantar um pouco de "legumes" à margem da roça principal da família, sem com ela interferir, quando se trata de chão de roça. Começa a participar do plantio e da colheita, contanto que não se trate do espaço de malhada.

Por volta dos dez anos de idade, como foi dito, pode receber um pequeno trecho de chão de roça e começa a "lidar com o gado", caso este exista no sítio. É também com essa idade que o filho começa a acompanhar eventualmente o pai à feira, quando não está aprendendo a trabalhar no pequeno trecho que lhe foi concedido. Na feira, ajuda a carregar e a descarregar produtos e observa, sem delas participar, as negociações realizadas pelo pai. No roçado da família, ele ajuda o pai e a mãe (nas etapas de que esta participa).

As meninas, nessa idade, freqüentemente já assumem boa parte das tarefas domésticas, ainda que sob a supervisão da mãe, que fica liberada para as atividades na roça. Continuam a lidar com a *miunça* e aprendem algumas formas de "costura", que incluem bordado e crochê destinados à venda. Com a menarca, já passam a ser definidas como moças e por volta dos 14 aos 15 anos podem casar.

Para os filhos, o processo de transição entre etapas da passagem de criança para rapaz, e depois para adulto, relaciona-se às próprias etapas do processo de trabalho. Excluído de algumas, participa de outras, até que a transição se complete. Aquilo que no mundo ocidental se define como adolescência, isto é, período de não-trabalho, não é característico do mundo dos sitiantes, nem do camponês em geral. A preparação para o *trabalho*, como adulto, faz-se pelo próprio fazer. Contrariamente às filhas, que casam mais cedo, os filhos continuam a trabalhar na roça da família até os 18 ou 19 anos; isto é, sua importância como força de trabalho do grupo doméstico é significativamente maior.

Por volta dos 14 anos, o filho recebe do pai o espaço de terra separado para trabalhar e o "tempo", como já dito. Embora continue a trabalhar no roçado da família, o tempo que lhe foi "doado" pelo pai é utilizado para formar parte da poupança necessária ao seu futuro casamento. Junto com o gado ou a miunça que recebeu do padrinho e outros recursos que acumulará mais tarde, essa poupança destinar-se-á a comprar um pedaço de terra, sempre que o sítio não comporte uma subdivisão por ocasião do casamento.

No caso de sitiantes fracos, doar um espaço separado pode não ser possível. Mas a doação do tempo o é. O que ocorre, então, é que o pai o coloca como "trabalhadorzinho", como já visto. Alternativamente, pode-se tornar "alugado" em fazendas, ainda que sob a proteção e a orientação de algum parente. Continua sob o controle da família, pois o tempo é por ela definido, bem como o local de trabalho.

O dinheiro ganho é parcialmente destinado às necessidades do grupo doméstico; é ainda o pai quem determina o quanto poderá reter para si. Mas não se trata apenas de ganhar dinheiro. Trabalhar como assalariado é também parte do aprendizado das técnicas agrícolas. O tempo que um filho de sitiante forte utilizaria num espaço separado do sítio é utilizado pelo filho do fraco no aprendizado como assalariado. Realiza-se nesse período, pelo trabalho nas fazendas ou nos sítios dos fortes, igualmente um processo de aprendizado, estruturalmente equivalente ao aprendizado realizado no interior do sítio. Inicia-se, também, a constituição de uma espécie de "capital social": se o jovem se revela esforçado, interessado, ele poderá, mais tarde, receber terra em arrendamento. Em alguns casos, o jovem trabalha algum tempo em seu trecho no sítio e, noutro tempo, nas fazendas.

É também a partir dos 14 anos que se começa a aprender uma "arte" (carpina, ferreiro, barbeiro, etc.). Mas esse conhecimento, que poderíamos chamar de especializado, em contraste com o saber geral do trabalho no sítio, dominado por todos os camponeses e transmitido de pai para filho, é aprendido com o padrinho.[29] Também aqui se observa a tipologia proposta por Boguslaw Galeski.[30]

Pouco antes do casamento, por volta dos 18 anos, após obterem os "documentos" (alistamento militar), os filhos devem "viajar", isto é, migrar temporariamente, o que representa novo momento de aprendizado, agora relativo ao *mundo*. Podem, inclusive, aprender novos procedimentos agrícolas, que serão transmitidos à família. As filhas, pelo contrário, não devem migrar, sendo retidas no sítio como força de trabalho. Fora de suas casas, como ocorre com algumas filhas de sitiantes fracos, elas são percebidas como subordinadas às ordens de outro homem, o que é visto como sintoma do fracasso do pai.

Nessa idade os filhos também estarão participando mais ativamente das negociações na feira.

Há então um processo gradativo de aprendizado que corresponde a uma expansão do espaço social. Começa no quintal, segue para o trecho separado do sítio, para o sítio como um todo, para a fazenda (no caso dos fracos), para a feira, para o *mundo*. Mesmo que a participação de crianças seja vedada no trabalho das covetas na malhada, isto não significa que o trabalho infantil seja irrelevante para esse sistema agrícola. Pelo contrário, seja trabalhando no chão de roça — pois um sítio pode ter ambos os tipos de solo — ou no pasto, ou mesmo trazendo o *unto* para os adultos, a criança estará liberando os adultos para o trabalho na malhada, a terra de trabalho por excelência.

A edificação das covetas constitui um dos critérios para a definição de um bom sitiante, semelhante à construção dos aceiros, mesmo porque elas são tão visíveis como estes últimos: a quantidade construída num dia, que ultrapassa a mil, o domínio da técnica, isto é, a capacidade de aproveitar ao máximo o esterco e o húmus natural (parte da ética de trabalho camponesa) e, finalmente, a homogeneidade do conjunto de covetas, que devem ser bem alinhadas (não devem formar linhas tortas) e ser do mesmo tamanho, revelam um bom sitiante. Além da técnica, há, pois, uma estética, tal como no aceiramento: o bom sitiante é aquele que faz um "serviço limpo", fazendo a terra "ficar uma lindeza".

---

[29] Ver, por exemplo, de Ellen F. Woortmann, *Herdeiros, parentes e compadres*.
[30] Ver, a propósito, *Basic concepts of rural sociology*.

O sistema de malhada exige mais insumos de trabalho que o de chão de roça e maior disponibilidade de força de trabalho. Exige, além disso, uma articulação entre a lavoura e a criação de gado, dada a necessidade constante do *unto* em quantidade relativamente grande em face das dimensões do sítio. Daí a presença quase obrigatória do gado no sítio, que deve ter uma parte de sua área transformada em pasto — geralmente um antigo chão de roça que não pode ser transformado em malhada. Um sítio de chão de roça pode se transformar em pasto porque a terra já não mais suporta a agricultura; a criação de gado, então, sucede à lavoura. Um sítio de malhada, pelo contrário, supõe a criação para que a lavoura possa existir.

O desenho seguinte procura reproduzir o que são as covetas, que, em conjunto, dispostas em fileiras, formam uma malhada. O desenho mostra o interior da coveta, preenchido com seu fertilizante (esterco e restos da colheita anterior), acima e abaixo da superfície do solo.

O plantio e a lógica do espaço

O segundo momento, o plantio propriamente dito, implica a aplicação de um saber sofisticado. Assim como os demais momentos do processo de trabalho, ele está longe de ser o que Henry Mendras,[31] ao qualificar o trabalho camponês em geral, define como um ato rotineiro que se repete ano após ano.

O plantio leva em consideração fatores que muitas vezes escapam à nossa percepção, tornando-se bastante difícil para nós, leigos no assunto, realizar uma "leitura" precisa, seja da roça, seja da malhada. Por outro lado, sofre alterações no tempo, freqüentemente em curtos lapsos temporais, pela variação das necessidades da família. A

[31] Cf. a obra *Sociedades camponesas*.

substituição do cultivo de uma variedade de milho por outra, por exemplo, pode expressar mudanças significativas no grupo doméstico.

Numa primeira perspectiva, sincrônica, podemos observar a lavoura numa dimensão espacial — ou microespacial — por meio da lógica do consorciamento num mesmo ano agrícola. Numa segunda perspectiva, diacrônica, podemos surpreender uma dimensão dinâmica, um constante processo de atualização do processo de trabalho.

Como já foi visto, o sítio é um sistema de espaços articulados entre si. Ele é pensado pelos camponeses da região como um todo cujas partes se interligam. Esse sistema não é algo "dado", mas um complexo construído ao longo da vivência de uma família.

Analisando a trajetória de um sítio, observa-se uma crescente complexificação no que diz respeito à incorporação sucessiva de espaços qualitativamente diferenciados. Nas regiões onde não existem as "veias de areia" que, pelo trabalho, resultarão em malhada, realiza-se um esforço no sentido de adquirir várias áreas de chão de roça qualitativamente distintas. Na região mais rica em solos arenosos, eles podem não estar no interior de um sítio; sempre que possível, busca-se adquirir uma dessas extensões de solo que, quando fora do sítio, são denominadas *terreno*.

Muitos sítios são recebidos por herança, e outros são comprados. Mas um sítio é sempre iniciado pela ocupação de um trecho de chão de roça (cujo preço é sempre inferior ao da malhada). Por um conjunto de estratégias, como o arrendamento, o *negócio*, a *arte*, a criação de gado, a migração, etc., busca-se incorporar um trecho de *malhada grossa* e, finalmente, a depender das possibilidades, outro de *malhada fina*. Vejamos o caso de um sitiante, o sr. Ozéias (Ozéias de José).

— Seu Ozéias, como foi que o sr. chegou a ter esse sítio?

— Olha, isso aqui começou com duas tarefas e três contas que eu comprei do meu irmão, quando voltei de São Paulo.

— Então o dinheiro para comprar essas terras o sr. trouxe de lá?

— Foi, eu trouxe o tanto para comprar aquilo, e o resto foi coragem.

— Como assim?

— Eu comprei aquela parte do meu irmão e juntei com a que tocou para mim do meu finado pai. Depois me casei com essa velha aqui, e eu comprei cento e quarenta tarefas na Aparecida.

— Mas para comprar tudo isso como o sr. fez para conseguir o dinheiro?

— Vendi umas vacas [o dote trazido pela mulher] e meu sogro me emprestou um pouco também. Inteirei com o dinheiro da mandioca que plantei na terra dele [de malhada].

— As tarefas que o sr. tinha não eram de malhada?

— Era não, era tudo chão de rôça, era muito fraca, não dava nada.

— E como o sr. chegou a ter isso aqui?

— Foi de troca com o finado Tonho de Mané [parente do lado paterno]. Ele me passou essas cinqüenta tarefas, mais a casa, pelas cento e quarenta de lá. A casa não conta porque era ruim. Quando troquei, ele não tinha malhada, porque não tinha quem fizesse para ele [os dois filhos homens haviam migrado para São Paulo; uma filha morava em Aracaju e outra "sumiu no mundo"].

— Mas por que o sr. fez isso?

— Lá era ruim demais. Era longe de tudo, da escola dos meninos, da missa, e aqui com eles já maior mais um pouco para me ajudar, deu para botar malhada.

— E aquela malhada que o sr. tem em Moita Bonita?

— Essa não é só minha, não. É de meia com Joviniano [seu genro]. Vou lá só dia de sábado e trabalho nela quando não tem freguês [Ozéias também é barbeiro], e dou o adubo.

— E com a produção, como faz?

— O inhame a gente divide, e o milho e feijão são dele.

— Então, lá dá para inhame?

— Dá, mas só o tanto do gasto, é malhada fina mas é pouca. Essa daqui [referindo-se à malhada grossa junto à casa] só dá mandioca, feijão, milho, essas coisas, mas para inhame não presta, não segura a chuva.

— E aquele pedaço ali de capoeira, o sr. não planta nele por quê?

— Aquilo ali não é areia. Deixo assim para o modo de tirar um pau de lenha quando preciso, e quando a criação tem precisão.

A trajetória de Ozéias e de seu sítio revela um esforço conjunto no sentido de construir o complexo espacial para o qual contribuíram as relações de parentesco (herança, venda, troca), a estratégia da migração (recursos trazidos de São Paulo, produtos do trabalho assalariado e da contenção de despesas) e sua "arte". Percebe-se também o cálculo do *timing* que possibilitou o uso da força de trabalho familiar.

O espaço correspondente a chão de roça ocupa uma posição secundária, definido como local para "os meninos irem aprendendo". Outros trechos representam um momento de passagem: foram submetidos ao processo de queimada e coivara e, no ano de nossa pesquisa de campo, estavam sendo plantados pelo sistema de chão de roça, para, no ano seguinte, serem edificadas covetas, pois trata-se do último espaço arenoso ainda não explorado como malhada.

O finado Tonho, com o qual trocou cento e quarenta tarefas de chão de roça por cinqüenta de malhada (o que indica a diferença de valor entre os dois tipos de terra), não dispunha da força de trabalho para cultivar a terra em regime intensivo. Ocupava toda a extensão de terra com a criação de gado e com a extração de alguma madeira, esporadicamente vendida. Realizada a troca, Tonho pôde aumentar seu rebanho e Ozéias ocupar a força de trabalho de que dispunha para a edificação de covetas e para o fabrico de farinha de mandioca. O espaço de chão de roça proporcionou-lhe o acesso à lenha necessária para tal fabrico, assim como parte da madeira para o telhado da casa de sua filha, que casara.

O espaço do sítio apresentava as seguintes proporções: do total de cinqüenta tarefas, apenas 7,5 eram de areia. Delas, 2,5 tarefas estavam ocupadas com milho, feijão e mandioca plantados no ano anterior e duas no ano em curso (no momento da pesquisa). Meia tarefa ainda iria ser plantada. Outras 2,5 tarefas estavam plantadas num consorciamento de palma, algodão e feijão-de-corda. O restante do sítio era composto de pasto e chão de roça, do qual uma parte era de capoeira fina (quinze tarefas), outra de mato fino (cerca de vinte tarefas) e uma terceira de mato grosso (quatro tarefas com cerca de 35 a 40 anos de pousio). A partir do acesso à malhada fina (em parceria com o genro), Ozéias deixou de plantar pelo sistema de chão de roça.

Torna-se evidente a distinção entre tipos de atividade e sua relação com o solo, bem como a intensidade do uso do mesmo. As "veias de areia", num total de apenas sete tarefas, eram distribuídas em quatorze espaços agrícolas diferentes, totalmente aproveitados, enquanto o chão de roça foi redefinido como espaço de criação e de reserva de recursos. A redefinição do espaço do sítio não implicou uma homogeneização.

Os quatorze espaços de areia expressam relações distintas entre os recursos disponíveis (força de trabalho, adubo, lenha, sementes, etc.); as necessidades específicas do grupo doméstico, isto é, o consumo de seus integrantes segundo o sexo e a idade; as relações de mercado (variação dos preços de distintos produtos a serem vendidos e redução da dependência quanto a insumos comprados) e as qualidades das plantas cultivadas.

Retomemos a conversa com o sitiante:

— Mas seu Ozéias, por que o sr. planta cada pedaço de um jeito? Não era mais fácil fazer uma malhada só?

— Mais fácil quer dizer menos trabalho, não é?

— É, fazer as covetas numa vez só e plantar tudo também.

— Não é não. Vou explicar tudo direitinho. Fazer coveta, que nem eu expliquei, é trabalho duro que a gente faz de manhã, cedinho, quando o corpo ainda não cansou. Já de tarde, com o espinhaço doendo, pro modo de não doer mais ainda o espinhaço, a gente faz outro serviço, mais leve, plantar, ou cuida de outras coisas. Quando terminei essa parte aqui [o espaço 6] chegou a hora de comprar adubo, porque o que nós tinha acabou. Foi difícil. Deocleciano não tinha, Francisco de Gumercindo vendeu tudo e eu tratei com um que veio do sertão. Esse eu não conheço e não sei se não está envenenado. Quando o caminhão veio, já levou ele todinho para cá [lugar entre os espaços 6 e 7].

— Quer dizer que o adubo de todas essas covetas não vem todo da sua criação?

— Vem não. Aquele pedaço dali [espaço 5] eu estou experimentando. Meu filho que voltou de São Paulo disse que lá eles usam serragem para adubo. Eu estou vendo como é: foram as mesmas sementes e plantado junto com esse ali [espaço 4], tudo igualzinho. Se der certo vou passar para a serragem porque o unto está caro demais, mesmo para quem compra pouco. Sei não, acho que a serragem é mais fraca do que o adubo de vaca.

— Isso pode ser. Se o sr. não se importa, pode explicar os pedaços que tem? Começando por aquele ali?

— Esse?

— É [espaço 1].

— Esse dali é para a minha velha. Eu dei para ela plantar, pro modo de ela ter com que comprar as coisinhas dela, perfume, sabonete, coisa de mulher. Esse dali [espaço 2] é dos meninos, para eles tomarem gosto. Eu vendo a produção deles e dou uma parte do dinheiro para eles gastarem. O resto é para as despesas da escola.

— Aquele pedaço ali, o que tem plantado?

— É milho, do vermelho, feijão e batata-doce.

— E para o que serve?

— Não sabe, não? O milho vermelho é para o cuscuz. De manhã com café é alimento bom. Esse feijão aí é o do cedo, tem gente que diz que o gosto é ruim, mas a gente não pode escolher, sem ele tinha que comprar na feira. A batata-doce é para de noite, com leite.

— Aquele pedaço ali foi plantado depois, não foi?

— Foi, dá uns dez dias ou duas semanas depois.

— E plantou a mesma coisa?

— Foi. Eu tinha que ver se o feijão [semente] vingava. Quando aquele dali botou as folhas eu vi que era bom e plantei ali.

— E a mandioca e o milho?

— Ah! Esse nós tinha do ano passado. Compramos só o feijão [semente adquirida na Emater; outras duas variedades eram próprias].

— Bem, aquele ali [espaço 5] nós já vimos. E esse ali, com jerimum?

— É todinho igual ao da serragem, como expliquei.

— E o jerimum, por que está no meio?

— É separação das plantas.

— Como assim?

— Tem milho do vermelho ali [espaço 6] e tem milho branco ali [espaço 7]. Tem da caravela e da Santo Antônio [variedades de mandioca]. O jerimum é para não misturar, se misturar polui tudo, a produção não presta e a semente estraga.

[Os espaços 8 e 9 foram plantados com uma semana de diferença de tempo, aproximadamente].

— E a palma [espaço 10]?

Sítio do sr. Ozéias

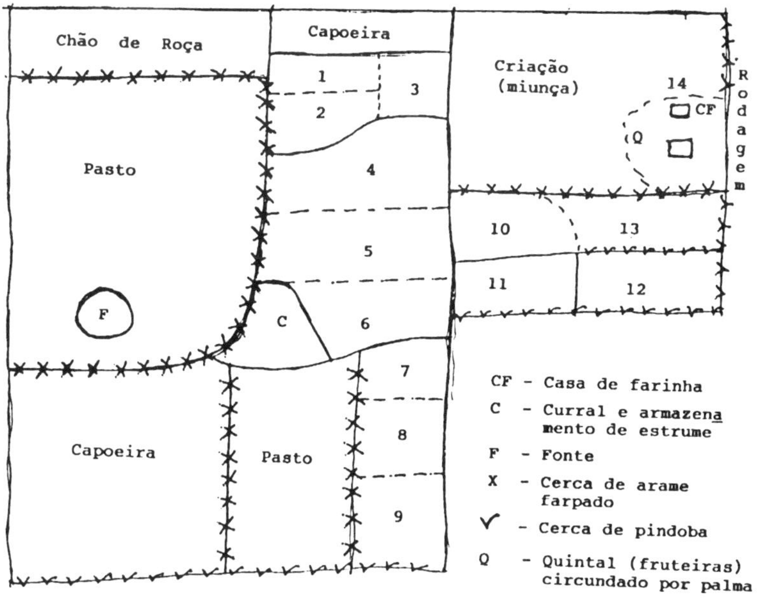

1- Roça da esposa–milho vermelho, feijão-de-arranca, mandioca caravela.
2- Roça dos meninos–igual a 1.
3- Milho vermelho, feijão-de-arranca, batata-doce, macaxeira.
4- Milho vermelho, feijão-de-arranca, mandioca caravela, quiabo.
5- Mandioca caravela, milho vermelho, feijão-de-arranca (serragem).
6- Mandioca santo antônio, milho vermelho, feijão-de-arranca, jerimum.
7, 8, 9- Mandioca caravela, milho branco, feijão-de-corda.
10- Palma, feijão-de-corda, algodão.
11- Macaxeira, fava.
12- Macaxeira, milho vermelho, feijão-de-arranca.
13- Macaxeira, palma, feijão-de-corda.
14- Fermentação de adubo verde.

— Essa palma é precisão de fraco. Todo produtor que tem criação tem palma. É que nem o feijão-de-corda que está junto. Pode não dá nada, mas feijão-de-corda sempre dá. O algodão é só para semente; a bola dou para minha tia, que faz um pouco de fio. Ali é macaxeira nova com milho [vermelho] e feijão [de sementes próprias]. Ali [espaço 13] é planta velha [macaxeira de anos anteriores] com feijão-de-corda.

— Seu Ozéias, por que o sr. planta milho vermelho e branco?

— O vermelho é para produzir melhor. É mais forte. O branco a gente não vende; é para os meninos [é base de alimentação de duas crianças, uma de dois e outra de quatro anos] e uma parte é mandada para uma tia [com cerca de setenta anos e que não tem quem plante para ela]; é mais fraco.

— E a mandioca? O sr. falou na caravela e na santo antônio. Por que o sr. planta essas duas variedades e mais a macaxeira?

— A caravela é a melhor que tem de produção. Tem pouco tempo que a gente planta ela [cerca de cinco anos]. A santo antônio meu pai já plantava. Essa macaxeira é boa porque ela puba que é uma beleza. É só para o gasto.

— E a farinha, fica toda ela igual?

— Não, de jeito nenhum. Como a caravela dá produção que é uma beleza, com oito meses já pode começar a tirar, se precisar. A santo antônio não é tão boa, mas agüenta mais — essa é certo que um pouco sempre dá.

— E para vender, tem diferença de preço?

— Não, se a gente vende para o povo que compra na porta, o preço é um só. Se leva na feira, a diferença é pouca.

O sr. Ozéias cultivava duas variedades de mandioca, a caravela e a santo antônio. Além dessas, são ainda cultivadas na região as variedades jacobina e maria pau. A caravela "carrega mais", mas exige terra forte. A jacobina "é boa para farinha, dá massa pura" e "não dá doença", mas também exige terra forte. A maria pau "tem muita veia e muita palha", mas "não dá doença" e pode ser plantada em terra fraca. A santo antônio não é muito produtiva, mas resiste melhor à seca. Cultivar duas ou mais variedades em espaços distintos de uma mesma roça ou de um mesmo sítio significa, pois, reduzir os riscos envolvidos na lavoura.

Um espaço de produção que muitas vezes passa despercebido e que, no entanto, define o sítio no sentido mais restrito da palavra é o quintal, espaço das fruteiras que circundam a casa. Em geral, são mangueiras, laranjeiras e outras árvores que formam um estrato superior, proporcionando sombreamento e eventualmente alguma renda pela venda das frutas. São definidas como sendo "para os meninos", ou "para o gasto", isto é, de menor importância, quando se contrasta esse espaço com o do chão de roça ou da malhada. As frutas são colocadas na mesma categoria do quiabo, da couve, etc.

Embora as fruteiras sejam consideradas de importância secundária, elas são parte do sistema de produção principal, de forma indireta, na medida em que possibilitam o sombreamento do café, que forma o substrato inferior. Esse café é considerado distinto daquele plantado em "São Paulo" (termo que inclui a região cafeeira do Paraná e de Minas Gerais): "esse pé de café é mais pequeno e mais forte e agüenta o verão". Com isso se quer dizer que é mais resistente à seca; é como se fosse um tipo de café "pé duro", numa analogia com o gado tradicional do sertão nordestino.

O café é um produto com implicações peculiares. É plantado no quintal, espaço que se opõe ao roçado e ao pasto, por ser um domínio principalmente feminino, no plano das representações. O quintal, como prolongamento da casa, é um espaço privado, mas o café tem uma função "cerimonial" pública, já que, como cafezinho, é oferecido às visitas no espaço público interno à casa, a sala. Ele não é considerado parte da produção porque não requer trabalho para ser obtido, apenas para ser beneficiado. Uma vez plantado (pelo homem), passa para a esfera da mulher, encarregada da colheita e da torrefação, assim como de pilá-lo e transformá-lo no cafezinho a ser servido às visitas na sala.

O café, assim como as frutas, não é considerado parte da produção (do ponto de vista dos homens) porque não se localiza no espaço do *trabalho*, categoria referida apenas aos homens, isto é, não se localiza no roçado. No entanto, para a família, e principalmente para o pai de família, o consumo do café de produção própria expressa simbolicamente seu êxito na organização da produção e da reprodução social do grupo doméstico. Seu consumo reforça ideologicamente a autonomia do sitiante em face do mercado, mais ainda por ser o café destinado não apenas ao consumo doméstico, mas também ao uso ritual. Ele indica, então, publicamente, que o sitiante não é prisioneiro da mercadoria. Na realidade, e os sitiantes o reconhecem, esse êxito é o resultado da articulação de esforços do pai e da mãe de família. Se o bom pai de família é o que governa a roça, a boa mãe de família é a que governa o quintal e a casa.

Há um grande esforço no sentido de minimizar relações com a feira na esfera do consumo. Há como que uma relação moral entre produção e consumo. A produção possui, além de um significado econômico, também um significado ético, que se refere a todos os produtos cultivados. A posição do pai de família na feira — onde inevitavelmente devem ser adquiridos alguns produtos — expressa-se na habilidade em jogar com o preço do que é por ele vendido e com o preço e a qualidade das coisas adquiridas como mercadorias. Mais importante, porém, é sua capacidade e a da mãe de família de não dependerem da feira no que diz respeito àquilo que é considerado socialmente necessário e saudável.

Em outras palavras, ambos, pai e mãe, devem garantir a auto-suficiência do grupo doméstico na esfera da comida, tanto em seu sentido restrito de base alimentar, como no sentido mais amplo de tudo que é ingerido, ainda que isso não possa ser aplicado a todos os gêneros consumidos, como o açúcar.

O socialmente necessário inclui o café. Tal como os alimentos, ele deve ser saudável, o que só é garantido pela produção doméstica. O café comprado, afirma-se, resulta em distúrbios gástricos: "O pó [de café] da feira me deixa o bucho duro, me faz mal", disse uma dona-de-casa. O mesmo é dito com relação à margarina e ao óleo de soja. Os alimentos comprados são acusados de receber produtos químicos que "fazem mal para quem trabalha pesado".[32] Todavia, não prejudicam a quem não realiza esforço físico; são adequados, pois, às pessoas da cidade,

[32] É bastante comum a valorização da produção própria, ou local, em contraste com os alimentos comprados como mercadoria, em grupos sociais cuja atividade principal é produzir alimentos. Margarida Maria Moura, em *Os herdeiros da terra*, registrou uma oposição análoga entre o que é "do lugar" e o que é "de fora": "O arroz que eu vendo aqui é mais fraquinho... vem de fora. O daqui custa mais, mas é forte". O sr. Ozéias, como foi visto na entrevista transcrita, também desconfiava do estrume comprado, que poderia estar "envenenado". Devemos lembrar que esse estrume, o *unto* das covetas, é considerado o alimento da terra, sua *vitamina*. No imaginário dos sitiantes, a mercadoria no âmbito dos alimentos parece associada a veneno. A comida parece ter um valor simbólico grande demais para que seja aceita como mercadoria. A idéia de veneno parece aproximar essa representação da comida do complexo de representações que Michael Taussig analisa como "fetichismo da mercadoria", na obra *The devil and commodity fetishism in South America*.

que não trabalham. Significativamente, não ouvimos acusações relativas ao açúcar, inevitavelmente comprado.

A mulher é responsável pela qualidade do café servido, por seu sabor, além de ser responsável pela colheita e torrefação, dirigindo a força de trabalho "marginal" do grupo doméstico. Acredita-se que ela tenha o gosto mais refinado para "as coisas de comer" (e de beber) — o que a torna responsável pelo êxito público do homem, enquanto chefe da unidade doméstica —, manipulando tanto a comida como o café cerimonial, reduzindo o consumo da família, diminuindo a dosagem ou até mesmo acrescentando café comprado, "sem ele saber", o que nos deixou intrigados, pois quem faz as compras é o marido. Seja qual for a estratégia usada, assim ela se realizava no papel de boa dona-de-casa que "não deixa o marido passar vergonha na frente dos outros", isto é, que zela pela honra do marido.

É interessante observar que os mantimentos, aquilo que veio do roçado, especialmente o feijão e o milho, são estocados em recipientes de zinco ou tonéis que acondicionavam óleo diesel. Os mais antigos são feitos de caixas de madeira. Tais recipientes se localizam na sala, bem à vista dos visitantes, como prova da competência do pai. São sinais que expressam a identidade de lavrador do sitiante. A exceção é dada por sitiantes que já foram vaqueiros e que parecem reter uma identidade de vaqueiro. Em suas casas, os produtos agrícolas são estocados na cozinha, espaço feminino, enquanto na sala são expostos a sela e os arreios.

Mas, alertamos, considera-se de extremo mau gosto alguém tocar nesses tonéis: o som emitido poderia denunciar a quantidade de mantimento neles contida, tornando pública a situação alimentar da família durante aquele ano agrícola. Poderia, até mesmo, denunciar que o recipiente está vazio.

No espaço da sala, tais recipientes se localizam junto à parede oposta à porta de entrada (parede onde são expostas também ilustrações de cunho religioso e, eventualmente, uma prateleira com imagens de santos), perto da abertura que conduz à cozinha e atrás da cadeira "ritual" destinada ao pai de família. Significativamente, quando há a presença de algum estranho na sala, a dona-de-casa posta-se em pé junto ao recipiente, como que estabelecendo uma barreira diante do estranho.

No espaço da roça, se possível perto da casa, os sitiantes fortes cultivam uma pequena horta, aos cuidados da mulher. A horta não é central nas atividades econômicas do grupo doméstico — seu significado é mais simbólico que nutritivo, segundo as concepções alimentares dos sitiantes: destina-se mais a "enfeitar o prato" que a alimentar as pessoas. Na horta são cultivadas as "folhas", especialmente couve, temperos (coentro, salsa), tomate e pimentão.

A presença da horta é um sinal de prestígio, pois ela denota não apenas que o sitiante é forte, com disponibilidade de tempo, insumos (adubo, força de trabalho) e terra boa, mas também que a mulher é eficiente e bem-organizada. Significa também que "viajaram", isto é, migraram para "São Paulo", onde conheceram essas novidades e adquiriram hábitos mais refinados. Como sinais de fartura, os produtos da horta são da mesma classe que as galinhas-d'angola, também cuidadas pelas mulheres.

Na horta são cultivadas ainda algumas variedades de plantas medicinais, destinadas aos chás curativos e preventivos.

Os produtos da horta são consumidos em pequena quantidade pela família, e podem eventualmente ser vendidos, mas seu significado principal está nos circuitos de pequenas trocas femininas, entre donas-de-casa vizinhas ou parentes.

As mulheres que estiveram em "São Paulo" por algum motivo, acompanhando seus pais ou maridos, também plantam "flores", principalmente samambaias, uma influência urbana vista também como sofisticação de hábitos. Se as flores são quase excepcionais, as plantas destinadas à proteção da casa são recorrentes, tanto entre fracos como entre fortes, e mesmo entre os que moram em "ponta de rua" (sem terra). Entre tais plantas, destacam-se a espada-de-são jorge, a arruda e a comigo-ninguém-pode. São obrigação da mulher e protegem a casa e a família contra doenças, mau-olhado, etc. Mesmo nos períodos de estiagem mais prolongada, são sempre regadas, ainda que com água já usada.

Com uma função análoga à das plantas protetoras, dentro da casa podem existir os animais protetores: jabutis, que "afastam doença", e — para nosso desagrado — morcegos, "feios mas bons", porque comem insetos. Os morcegos não são, evidentemente, animais domésticos, no sentido de domesticados, mas são considerados pertencentes à casa. Outro exercício de relativismo cultural para nós era dado pela presença de peixes dentro dos reservatórios de água "de beber" das casas. Eram lá colocados para "limpar a água".

A produção na roça pode ser examinada ao longo do ano agrícola. O sistema de cultivo constitui um todo preconcebido, no qual vários fatores são levados em conta: solo, clima, consumo familiar, relações de mercado, disponibilidade de força de trabalho, etc. Um todo complexo que envolve cálculos sutis que, freqüentemente, passam despercebidos ao pesquisador.

Segundo nossos informantes, cada sistema de cultivo privilegia um determinado produto que empresta o nome para a roça. Assim, temos *roça de algodão*, *roça de mandioca*, *roça de inhame*, etc. Essa maneira de denominar uma roça pode levar o observador a conclusões errôneas, como de fato ocorreu com técnicos agrícolas e economistas que estiveram na região pouco antes de nós — e que se limitavam a "encapsular" as falas dos lavradores em questionários, sem se preocuparem em aprender a linguagem dos sitiantes ou em observar o que estes faziam em seu próprio "trabalho de campo", isto é, o trabalho de cultivo de um campo agrícola.[33] A expressão "tenho uma roça de mandioca", por exemplo, levou-os a concluir que o sitiante apenas cultivava mandioca.

O produto-referência que nomina a roça diz respeito à hierarquia entre as diversas plantas a serem consorciadas. Assim, temos uma *roça de algodão* onde são igualmente cultivados o milho, o feijão, o quiabo, etc. A roça é "de algodão" porque o espaçamento entre os diferentes produtos atende principalmente às necessidades do algodão, ao qual os demais estão subordinados. A roça consorciada não é, portanto, igualitária, mas hierárquica: um todo cujo nome é o do produto que a expressa. Existem plantas que nunca nominam uma roça, como a couve ou o quiabo, mesmo que sua presença seja significativa.

Essas diferentes roças, assim como vários espaços dentro de um mesmo sítio, são separadas por cercas. O espaço público do terreiro, onde são feitas transações comerciais com "estranhos", defronte da

[33] Um exemplo de desencontro de linguagens entre sitiantes e extensionistas foi por nós observado num relatório baseado na aplicação de um questionário aos "produtores de baixa renda". O questionário foi aplicado a uma amostra supostamente representativa de pequenos produtores e nele se perguntava se o entrevistado conhecia o arado e se o utilizava. A maioria das respostas às duas perguntas foi negativa. Contudo, se o entrevistador tivesse perguntado se conheciam o *tombador*, termo que designa localmente o arado, verificaria que a maioria não o utilizava, mas o conhecia. A conclusão "não usa porque não conhece" teria, certamente, de ser substituída por outra. As perguntas que compunham o questionário foram elaboradas previamente ao encontro com os sitiantes, melhor dizendo, ao desencontro.

casa, é em geral separado da rodagem por uma cerca mantida sempre em boas condições. Ele é também separado da parte de trás do sítio (quintal, roça, pasto). Essa cerca é também uma proteção, separando o público do privado e evitando o mau-olhado de estranhos invejosos ou cobiçosos, que não devem ver a roça. É uma cerca feita com taquaras ou "paus de mato".

Entre os sitiantes fracos, um sítio é separado do outro, nos fundos e nas laterais, por cercas feitas de pindoba, uma palmácea cujas folhas são utilizadas para cobrir as casas, embalar na prensa a massa da mandioca ralada e para fazer vassouras, para uso na casa e venda na feira. Se são um sinal de "fraqueza", são também sinal de "capricho" (e obedecem ao princípio da internalização dos supostos da produção). Entre os fortes, a pindoba pode ser usada para o fabrico de vassouras, mas não para o telhado.

Internamente, separando uma malhada de outro espaço, de chão de roça, ou como testemunho de roças anteriores, há uma série de cercas, em geral em mau estado. São usadas como suporte para o crescimento vertical do maracujá ou da bucha, plantas que enramam. São também usadas como reserva de lenha em tempo de "precisão". Outras cercas, resistentes, separam o pasto da roça.

Outra separação existe, ainda, internamente ao roçado. Seus diferentes espaços — roça de mandioca, roça de inhame, etc. — são separados por cercas simbólicas constituídas por "legumes" plantados pelas mulheres, como o quiabo; ou plantas medicinais, como o capim-santo, cujo cultivo, assim como todos os cuidados com a saúde da família, é atribuição da mãe de família. Mesmo excluídas da roça, ou nela admitidas de forma subordinada ou ambígua em outro contexto ideológico, são as mulheres que dividem a roça, isto é, os vários subespaços do espaço maior masculino.

Esses subespaços são organizados em função de um produto-referência. O fato de o produto-referência caracterizar determinado espaço ou sistema de cultivo não significa que se adote o cultivo solteiro. Este último, que a Emater tentava introduzir na região à época de nosso trabalho de campo, era bastante questionado pelos sitiantes. Todos eles privilegiavam o cultivo consorciado. Sabiam que o cultivo solteiro é mais produtivo quando a disponibilidade de terra é maior. Como possuíam pouca terra, o plantio "misturado" era mais rentável, em face do trabalho investido, e menor a margem de risco. Como diz o ditado, "não se deve pôr todos os ovos numa cesta só".

Além do espaçamento, essa roça também se organiza pelas necessidades de tempo específicas do cultivo principal. Na roça de algodão, o tempo de expansão das ramas, por exemplo, ou o tempo de floração condiciona o cultivo dos demais produtos, de modo que estes últimos não interfiram negativamente no primeiro, impedindo-o de prosperar.

A roça de algodão também inclui o binômio milho–feijão, presente em todos os sistemas de consorciamento, dado o seu significado para os padrões alimentares dessa região. Paradoxalmente, uma roça pode ter o nome de um produto secundário quanto às necessidades de consumo do grupo doméstico, ao passo que os produtos centrais desse consumo são definidos, no sistema de cultivo, como secundários.

De acordo com o sr. Ozéias, já apresentado ao leitor, em seu sítio o algodão é "uma bobagem", plantado para dar ocupação a uma tia solteira que gostava de fiar e tecer. No entanto, é o produto dominante no consorciamento que toma lugar numa pequena parte da área total cultivada no sítio, mesmo porque essa área de malhada pertence àquela tia e a ele passará por herança, com a morte dela. O mesmo algodão pode ser secundário em outra parte, onde o produto-referência é a palma, por exemplo.

No sítio do sr. Ozéias existem 14 espaços diferenciados de malhada. Cada um deles tem seu produto-referência, mas todos eles são sempre cultivados em consorciamento com o milho e o feijão. No cômputo global, portanto, os produtos *predominantes*, por seu volume total, são estes últimos e os demais, secundários. Nos espaços específicos da roça, contudo, *não são dominantes*. Na roça de algodão, por exemplo, o produto dominante é o *algodão*, a partir do qual se constrói a lógica do consorciamento.

Algumas vezes encontramos *roça de jerimum* ou *roça de melancia*. São exceções, porque esses produtos não são essenciais nas práticas produtivas dos sitiantes, nem são produtos-referência, por não condicionarem os demais a eles consorciados. Os sitiantes justificam a denominação de duas maneiras: o jerimum prosperou mais que o usual; a produção foi maior e as ramas se espalharam muito. Ou, então, o jerimum "ficou mais tempo no chão", pois efetivamente ele pode permanecer na área depois que os demais produtos forem colhidos. Pode ser também que "a terra pediu jerimum" (ou outra planta), isto é, o solo, a inclinação do terreno, a direção do vento, a insolação, etc. eram particularmente favoráveis. O sitiante, então, atende ao "pedido" da terra. Outras vezes revelam uma área "que não dá para outra coisa" ou que é "lugar de formiga". São casos excepcionais de ocupação no espaço ou no tempo. Noutra ocasião falou-se de uma *roça de milho* onde efetivamente só se cultivava milho.

Se esses casos são excepcionais, não são contudo fruto do acaso, mas de cálculos precisos, parte de um planejamento a médio prazo. No caso do jerimum, foi um experimento com fertilizante. No do milho, foi um ensaio de plantio solteiro, a ser confrontado com o plantio consorciado. No conjunto do espaço cultivado do sítio, são casos marginais.

A "subordinação" de outros cultivares ao produto dominante não significa que os primeiros sejam prejudicados, que se dê a eles menor importância ou que uma determinada área seja pensada tendo em vista um produto em detrimento dos demais. Pelo contrário, já vimos que são centrais para a subsistência do grupo.

O planejamento de um cultivo busca adequar entre si as necessidades de uns *e* outros produtos, e não de uns em detrimento de outros. Por isso, mesmo que o algodão exija um espaço maior para a sua expansão, o milho e o feijão são consorciados de forma tal que o momento de expansão do primeiro coincida com o momento de retirada dos outros dois. Portanto, no plantio organiza-se o espaço, vertical e horizontalmente, e também o tempo. Procura-se sincronizar os tempos dos diferentes produtos, de forma a obter-se o melhor rendimento de cada um, no menor espaço necessário.

O cultivo do inhame tem uma série de implicações para o sitiante. Seu consumo é altamente valorizado, simbolicamente associado aos períodos de fartura. No entanto, possui pouca expressão quantitativa, visto que só pode ser plantado em malhada fina, relativamente rara. Ela exige a edificação de covetas com três palmos de diâmetro e dois palmos de altura, maiores, portanto, que as de malhada grossa. Como dizem os sitiantes, "a planta quer assim". Exige também mais estrume: duas cargas de caminhão, o dobro do utilizado na malhada grossa para a mandioca.

Além disso, a edificação dessas covetas exige mais e melhor trabalho. A terra precisa ser bem "afofada", e para isso é imprescindível o uso de uma enxada nova e grande. Todo esse quadro remete ao fato de ser o chefe da família a única pessoa a realizar o cultivo do inhame nesse tipo de coveta. Como dizem as mulheres, "o pai sabe como ela gosta". Conhecendo os desejos da terra e atendendo a eles, esta retribuirá com um grande "rendo" (rendimento) do produto.

Esse tipo de cultivo tem ainda um valor estético superior às demais formas de malhada. Nele a malhada é tornada especialmente "bonita" pelo trabalho "caprichoso" do pai de família, com covetas uniformes e carreiras regulares.

O inhame tem características semelhantes, de um ponto de vista específico, às do milho. Se este se divide em branco e vermelho, o primeiro mais fraco que o segundo, existem na região duas variedades de inhame, o branco e o roxo. Ambos têm o mesmo valor de mercado, mas, se o inhame em geral é considerado um produto sem "carrego", termo equivalente a "reima" em outros lugares, a variedade branca é considerada ainda mais apropriada para o consumo de mulheres em período de resguardo. A relação entre carrego e resguardo (assim como outros estados fisiológicos considerados liminais) foi bastante estudada com relação aos hábitos alimentares e, ao que parece, a percepção do milho e do inhame confirmam a análise de Martin Alberto Novión[34] quanto à relação entre a cor e a "qualidade" dos alimentos: branco — frio, fraco, sem carrego; vermelho (ou roxo) — quente, forte e com carrego.

O cultivo do inhame possui um significado hierárquico, visto que é exclusividade do pai de família. Mas também, em outro sentido, o inhame é um cultivo "superior": dadas as exigências de adubação e de trabalho, e dado o fato de só ser possível na malhada fina, relativamente rara e cara, ele só pode ser cultivado em terra própria, adquirida após longos anos de trabalho e poupança.

Ao longo desses anos, o sitiante, com o concurso de um grupo doméstico "demograficamente favorável" no sentido chayanoviano, isto é, com esposa e filhos em idade produtiva, acumulou dinheiro e experiência que o habilitam ao cultivo desse produto, que passa a ser sinal de *status*, de uma carreira ascendente coroada de êxito. Há uma relação, pois, entre o produto, o ciclo de desenvolvimento do grupo doméstico e a trajetória social da família.

A lógica do consorciamento

O consorciamento é outra forma de organizar o espaço e o tempo destinados ao roçado e merece um tratamento detalhado. O que nos

---

[34] Ver *Anátomo-fisiologia popular e alimentação na mulher e no binômio mãe-filho* (mimeografado).

interessa aqui não é discutir por que os sitiantes preferem o plantio consorciado ao solteiro, mas *como* organizam o consorciamento, isto é, quais os princípios que governam a associação entre plantas num espaço determinado.

Analisando os diferentes sistemas de cultivo, constata-se que todos são variantes de consorciamento envolvendo três ou quatro produtos diferentes. Nunca ocorrem duas variedades distintas de um mesmo produto num mesmo espaço do roçado, embora sejam cultivados em partes distintas do sítio como um todo.

A escolha dos produtos a serem consorciados obedece ao que poderíamos chamar *princípio da alternância*. Já nos referimos aos distintos tempos de cada planta, quando os sitiantes praticam a combinação do algodão com o milho e o feijão. Há ainda outra dimensão temporal: é aquela que envolve a combinação, no mesmo espaço de cultivo, de produtos de longa duração com produtos de curta duração. Não se trata do tempo de armazenagem (perecíveis e não-perecíveis), embora a "quebra do milho" possa ser considerada uma técnica de conservação que envolve sua permanência na área de cultivo, minimizando o esforço de transporte. Trata-se do tempo que certa planta permanece num espaço determinado do campo de cultivo, e que deve ser incluído no cálculo, sempre que tal espaço venha a ser reocupado.

Num extremo, temos a mandioca, que permanece na terra no mínimo de oito meses a um ano (variedade caravela), até no máximo dois anos (outras variedades), ou excepcionalmente três. Em vista disso, a mandioca requer um período maior que um ano agrícola; requer um tempo ampliado. Em contraposição, produtos de curta duração demandam cerca de dois meses, como o feijão do cedo ou o feijão-de-arranca, e seis meses, como o inhame. Outros produtos de curta duração são o amendoim e o quiabo.

Entre os dois extremos temos o milho. Se plantado isolado, sem servir de "hospedeiro" a nenhuma outra planta, como o feijão-de-corda ou a fava, que precisam "subir no pé de milho", é definido como de curta duração e será consumido ainda verde.

Inclui-se neste caso o chamado *milho de são joão*, plantado em pequena quantidade em locais úmidos, geralmente de baixio, no dia 19 de março, dia de são José, para ser colhido e comido no dia 24 de junho, dia de são João. É utilizado apenas para o consumo familiar; é um produto com significado ritual e não destinado a "matar a fome" ou a ser comercializado. "É para brincar" num contexto de fartura e de festividades.

Para cultivá-lo, utiliza-se uma variedade de milho branco, que, como já vimos, é considerado fraco, e cuja função é a de "dar alegria para os meninos que gostam da espiga cozida". Já vimos também que é alimento próprio para pessoas *fracas*. Ele serve também para preencher a "espera" da produção do milho vermelho, percebido como forte e destinado à comida, principalmente do pai trabalhador, enquanto o branco é das crianças. Há pois uma oposição entre os dois: um existe para repor a força do trabalho e, o outro, para o lazer, um para o pai e o outro para as crianças. Entre essas duas variedades há uma gama de outros tipos de milho, mais ou menos fortes.

As duas variedades, branca e vermelha, não devem ocupar espaços contíguos, porque uma iria "empatar" a outra, por problemas de polinização. Sempre que possível, o milho branco é plantado num terreno relativamente afastado, com características adequadas. O produto forte (milho vermelho), básico, ocupa, pois, o espaço ideologicamente dominante, o sítio, enquanto o fraco, marginal no plano do consumo, ocupa um espaço também marginal.

Se, contudo, o milho é plantado para servir de "hospedeiro", ele é definido como de longa duração, por seu tempo de permanência no espaço de cultivo: "fica na roça, porque lá não estraga, não cria gorgulho e passarinho não pega".

Quando plantado em terra arrendada, o milho é sempre definido como de curta duração, porque deve ser removido logo que maduro.

O exemplo do milho mostra-nos que, por ocasião do plantio, ou melhor, no momento da definição do consorciamento, todo o projeto de produção, consumo e comercialização já teve suas coordenadas traçadas. O consorciamento implica também um cálculo da disponibilidade de força de trabalho, o que coloca duas alternativas: usando trabalhadores assalariados, acentuam-se os picos agrícolas, aproximando-se os momentos das distintas colheitas, e intensifica-se o trabalho; na ausência desses trabalhadores, opta-se por diferentes estratégias de plantio e de colheita e por diferentes modalidades de armazenamento no próprio espaço de cultivo, o que dilata o período de colheita, tornando o trabalho menos penoso para a força de trabalho familiar. O grau de penosidade do trabalho é um dos fatores importantes da lógica da produção camponesa, como já mostrou Chayanov,[35] ainda que em outro contexto analítico.

Por isso, considera-se uma traição um filho migrar depois de realizado o plantio, sem ter comunicado sua intenção com antecedência. Tal conduta desorganiza o projeto de produção e rompe o cálculo de alocação de força de trabalho, além de romper também a hierarquia familiar. Filhos podem e devem migrar, mas apenas depois de encerrado o ano agrícola, o que permite o cálculo para o próximo período, o remanejamento dos recursos disponíveis e a definição do sistema de consorciamento agrícola a ser empregado.

O princípio da alternância, na combinação de produtos com distintos tempos de duração, tem ainda outro significado se, ao invés de analisarmos as características de cada planta isoladamente, as analisarmos em conjunto. Configura-se então uma associação que procura otimizar o aproveitamento do espaço. Assim, no consorciamento entre milho, feijão e algodão, o cálculo do plantio é realizado de forma tal que, terminada a maturação do feijão, sua colheita anteceda um pouco o momento de expansão do algodão. Há, portanto, um *timing* adequado a cada sistema, conjunto de plantas.

> Quando o algodão começa a botar rama é o tempo de bater [colher e secar] o feijão e quando o algodão vai basular [florir], se dobra o milho. Se tirar o milho depois ele abafa e não deixa o algodão basular, porque é muito quente e o algodão gosta de ir por cima de tudo. O milho quebrado não empata.

O espaço é ordenado pelas características das plantas. Não devem coexistir, no mesmo espaço, duas plantas que enramam ao mesmo tempo, pois uma irá "empatar" a outra. Assim, numa roça onde há algodão não haverá feijão-de-corda ou fava.

O cálculo do consorciamento leva em conta, portanto, o relacionamento de cada planta com as demais, notadamente com a planta dominante que define a roça. Nele considera-se não apenas o tempo de permanência de determinada planta no campo de cultivo, mas também o momento de sua retirada. O ponto importante é a dinâmica dessa alternância, isto é, a redefinição, a cada ano, da distribuição espacial das plantas segundo as características de cada uma e do conjunto, em face da previsão do uso social que delas será feito, constituindo no

[35] Cf., a propósito, *The theory of peasant economy*.

espaço da roça um todo harmônico, em harmonia também com as relações sociais a serem mediadas.

A alternância entre produtos de distintos tempos visa minimizar também o esforço despendido na limpa do terreno. Assim, quando o feijão foi arrancado, realiza-se a limpa, o que é facilitado porque boa parte da terra está revolvida, o espaço entre as plantas restantes é maior e o esforço para "achegar a terra" às plantas que dela necessitam torna-se menor.

A alternância diz respeito ainda ao porte das plantas em face da sua disposição no espaço de consorciamento. O planejamento do uso desse espaço implica o cuidado de intercalar sempre produtos de porte baixo, mais densos, como o feijão (ou o capim, nos casos de arrendamento ou quando se deseja transformar um chão de roça em pastagem), com produtos de porte mais alto, longitudinais, como a mandioca, a macaxeira ou o milho.

O sentido atribuído a essa combinação está em estabelecer certo controle dos fatores da natureza quanto à incidência de raios solares, polinização, direção dos ventos predominantes nas várias épocas do ano e o impacto da água da chuva, constituindo um sistema de *swidden*.[36] Por isso, "o milho é plantado noutra direção, para não fazer sombra no pé da mandioca; se o milho for plantado junto, ele não deixa a mandioca sair ou ela sai fraca". Por outro lado, organiza-se o que se poderia chamar "corredores de ventilação". Se a combinação de produtos segundo o tempo de duração exige, no planejamento do cultivo, o cálculo da relação entre tempo e espaço no solo, a combinação de plantas de diferentes portes envolve outro cálculo, relativo ao "espaço aéreo" ocupado por algumas e o espaço no solo ocupado por outras.

A esse propósito, transcrevemos o seguinte diálogo:

— Seu José, eu vejo que essas carreiras seguem todas a mesma direção [paralelas em sentido longitudinal], mas o milho está diferente [transversal oblíqua]. Por que isso?

— É para o milho não abafar o feijão.

— Como assim?

— É que, se plantar junto, o milho é mais alto e tem as folhas abertas, não deixa o vento passar e abafa o feijão. Se não plantar desse

[36] Sobre o assunto, ver Clifford Geertz, *Agricultural involution*.

jeito, tem de plantar mais longe mais um pouco, pro modo do vento poder correr.

Além dos produtos referidos — milho, feijão, mandioca e algodão — únicos mencionados quando alguém descreve sua roça, pois são os componentes centrais nas representações dos sitiantes, o espaço é ainda ocupado, como já vimos, por uma variedade de espécies de importância secundária: a fava, o feijão-de-corda, o jerimum, a melancia, o amendoim, etc. Respondem não a necessidades básicas, mas a complementos, ao "gosto", ou a "bobagem". Exprimem simbolicamente que a família pode se dar ao luxo de investir trabalho em algo que não é fundamental. Mas, significativamente, trata-se do trabalho das "forças marginais" da família. Proporcionam uma diversidade alimentar que, de outra forma, só seria possível através da feira. É o resultado de uma negociação entre o básico, para "não passar precisão", e o complementar, para tornar a comida menos monótona. Não se trata, como em uma percepção ocidental moderna, de enriquecer nutricionalmente a refeição. Para eles, o básico já é nutritivo, *forte*. Trata-se mais de um enriquecimento simbólico.

A organização do espaço da roça segundo o tempo tem ainda um exemplo no uso do inhame. Este é dividido em três partes: a "cabeça", a "parte do meio" e a "parte de trás". O meio é consumido ou, esporadicamente, vendido. A cabeça e a parte de trás são usadas para o plantio. Mas a cabeça cresce mais rápido e é colhida antes, ao passo que a parte de trás leva mais tempo para ser colhida. Assim, a roça é organizada em duas áreas distintas, numa em que são plantadas as cabeças, noutra em que se planta a parte de trás. Separando-se as duas áreas, organiza-se também a distribuição da mão-de-obra: terminada a colheita das cabeças, planta-se no lugar a mandioca, para maximizar o aproveitamento do adubo; depois se passa à colheita na área da parte de trás, também seguida do plantio de mandioca.

Esta estratégia busca uma minimização dos picos agrícolas e reduz também a margem de risco de perda da safra integral. Efetivamente, sob a aparência de *uma* safra de inhame, existem duas — ou quatro, nas regiões onde pode haver mais plantios no mesmo ano agrícola. Neste último caso, na sucessão inhame–mandioca, utiliza-se apenas a variedade de mandioca chamada caravela, "temporalmente correta" (pode ser colhida entre oito meses e um ano), porque ocupa o espaço de tempo exato entre uma e outra colheita de inhame.

O consorciamento é, portanto, um processo complexo de organização do tempo e do espaço. A forma "clássica" de consorciamento entre o milho, o feijão e o algodão não se explica apenas pelas exigências dos proprietários ou pelas necessidades dos próprios sitiantes quando pequenos criadores, tendo em vista a alimentação do gado com a *palhada*. Explica-se também pela lógica da associação de plantas de natureza diversa, que devem cooperar entre si, e não competir.

Consorciar plantas, organizando o espaço e o tempo da produção, implica estabelecer uma cooperação entre elas, mas significa também otimizar o trabalho. A lógica não é distinta daquela praticada por camponeses mexicanos no século XVII e, antes deles, pelos maias:

> La dobla de las cañas de maiz se practica en la milpa en el momento en que las mazorcas están casi maduras pero antes de que estén secas, hacia septiembre u octubre. Tiene como objeto disminuir el daño causado por las enfermedades fungosas; acelerar el proceso de secado de la mazorca, facilitar la entrada de luz necesaria para el desarollo y frutificación de los cultivos asociados y facilitar la cosecha al reduzir la altura a la que se encuentra la mazorca.
> La cosecha no se realiza de una sola vez sino en forma gradual, iniciando en agosto o septiembre. Se van recogiendo los frutos de las diversas plantas: elotes, frijoles secos, calabazas, maíz menudo y maíz grueso. Esta forma de cosechar según las necesidades de consumo tiene por objeto que los frutos almacenados sufran lo menos posible a causa de los insectos y ratones. En su visitas a la milpa para cosechar el maíz, el campesino continúa recogiendo los cultivos asociados como las ibes, que fructifican en invierno. Así, la cosecha no tiene lugar en un solo momento sino que es un proceso.[37]

Se há uma otimização do trabalho, a maneira como se consorcia obedece ainda a outro princípio, que conduz a uma questão mais ampla que o pragmatismo.

O forte e o fraco; o quente e o frio

Como as terras, também as plantas são classificadas pelas oposições *forte/fraco* e *quente/frio*. Esses princípios classificatórios são

---

[37] Tereza Rojas Rabiela, *La agricultura en terras mexicanas desde sus orígenes hasta nuestro días*, p. 62.

fundamentais para a organização do consorciamento. O primeiro par de oposições tem a ver com a Lua.

A Lua tem influência sobre o que acontece aqui na Terra, e não apenas sobre as marés. Assim, segundo os sitiantes, não se deve cortar uma árvore durante a Lua cheia, caso se queira utilizar a madeira para construções, pois ela ficará mais sujeita ao estrago do cupim. Deve-se, pelo contrário, cortá-la durante a minguante, pois então suas "veias" estarão fechadas e o cupim "não entra".

Thales de Azevedo informa que, entre os colonos ítalo-brasileiros da região de Caxias, no Rio Grande do Sul, diz-se que "a madeira se deve cortar no escuro; também vermífugo se dá na Lua minguante".[38] Informa ele ainda que:

> D. Anita Denicol me disse que se reza também para "tirar" a Lua, porque, se a Lua incide na cabeça durante o sono, causa dor de cabeça.
> O processo é encher um copo d'água e amarrar na boca do mesmo um pano; inverte-se esse copo sobre a cabeça, de modo que a água não derrama. As orações são ave-marias e padres-nossos e quem reza são pessoas muito piedosas".[39]

Os sitiantes sergipanos, quando se referem a uma mulher menstruada, dizem que ela "está de Lua", ou que está "de visita", entendendo-se que está sendo visitada pela Lua, responsável pelo fluxo do sangue menstrual (podem dizer também que "está de bode", expressão cujo significado não apreendemos).

Para os camponeses, pois, a Lua merece respeito e o processo de trabalho agrícola também "respeita a Lua". Cá embaixo, na Terra, o processo de trabalho é governado, como vimos, pelo pai de família. Mas há outro governo que vem "lá de cima", além do de Deus, embora parte do ordenamento cósmico por Ele estabelecido, ao qual o homem se deve subordinar: o da Lua. Conhecer este outro governo e respeitá-lo é condição para que a lavoura seja bem-sucedida.

Se a lavoura se faz pela organização do espaço, seja do sítio como um todo, seja do roçado, ela se faz também no tempo. Já vimos uma dimensão do cálculo temporal da roça, relacionada à temporalidade de

[38] Thales de Azevedo, "Os italianos no Rio Grande so Sul", *Cadernos de Pesquisa*, p. 121.
[39] *Loc. cit.*

cada planta no espaço de consorciamento. Há ainda outro tempo, dado pelas estações do ano, pois todo o processo de trabalho é organizado, desde a derrubada, pela expectativa da chegada do inverno, estação chuvosa. Mas não são esses os únicos tempos a serem considerados.

Inúmeras vezes ouvimos os sitiantes dizerem que o plantio deve ser feito "no governo da Lua". Certas plantas devem ser plantadas quando a Lua está para se tornar cheia; outras, quando ela se torna nova. Segundo os sitiantes, "quando a Lua aparece no céu de dia, não se deve plantar nem colher... se for preciso, só fazer a limpa". Em Sergipe também ouvimos referências a plantas fortes ou fracas, mas nossa etnografia não é particularmente rica a esse propósito.

Recorremos, então, a outra etnografia, de outro grupo camponês. Isto pode parecer uma heresia, do ponto de vista da ortodoxia etnográfica. Não estaremos comparando, mas justapondo dois casos; utilizando um segundo caso para complementar o primeiro. Acreditamos, contudo, que o procedimento se justifica, se passarmos do plano descritivo imediato para o de apreensão de categorias culturais. As categorias que explicam, do ponto de vista do segundo grupo camponês, a obediência às fases da Lua são categorias que informam o pensamento de uma larga parcela do campesinato brasileiro. No plano mais amplo, informam o pensamento e as práticas de setores bem mais abrangentes que o camponês.

Vamos, então, ao outro caso etnográfico. Trata-se do grupo camponês do município de Santa Terezinha, Mato Grosso, estudado por Almeida. São migrantes de origem nordestina que para lá se dirigiram nas primeiras décadas do século, muitos à procura da "bandeira verde" preconizada pelo padre Cícero, isto é, as terras da Amazônia.

> (...) quando ela [a Lua] está nova, ela caminha para a cheia; quando está cheia, caminha para a nova. Quando caminha para a cheia está ganhando força; quando caminha para a nova está perdendo força (...). A Lua cheia é forte; a nova é fraca (...) tudo é do planejo da Lua, antes da cheia tudo cresce, depois diminui o tamanho das plantage (...) porque a Lua fica fraquinha para o crescimento das frutas. É a força dela, todo plantio que planta no planejo da Lua dá resultado, não tem prejuízo (camponês de Santa Terezinha).[40]

Diz o autor que:

---

[40] *Apud* Roberto Almeida, *O saber camponês* (dissertação de graduação), p. 14.

> Assim, diferentemente de nós, que percebemos outros momentos distintos na Lua (...) eles percebem apenas dois momentos distintos e opostos, a nova e a cheia, entendendo-se a passagem de um estado para outro como um processo contínuo de mudança.
> Na explicação deste fenômeno aparece bem clara a relação forte-fraco. Para eles a mudança se dá pelo "ganho" ou "perda" de força.
> Quando a Lua caminha de nova para cheia, ela está ganhando força (...) até atingir o clímax, a Lua absolutamente forte: a cheia. A partir daí a Lua inicia seu caminho rumo ao fraco (...) até que esta força chegue ao nível mais baixo, o absolutamente fraco: a Lua nova (...) a partir da qual se reiniciará o ciclo.
> Assim, temos que a relação nova–cheia–nova é explicada por fraco–ganha força–forte–perde força-fraco. É por aí que começamos a entender por que a Lua influi no nosso mundo.[41]

Mais do que "fases" compartimentadas, inclusive graficamente na nossa concepção calêndrica, resultantes do movimento do sistema solar, a Lua passa por "estados" de fortaleza e de fraqueza, por um trânsito no sentido de ganhar ou perder força. Esses estados exercem influência no nosso mundo. Há dois pontos aqui que por enquanto deixamos em suspenso: a natureza cíclica do processo e o fato de que a Lua exerce influência não apenas na lavoura, mas "no nosso mundo".

Na lavoura, se se deseja uma planta com volume e resistência, planta-se pouco antes da cheia. Se se deseja pouca estatura e maciez, planta-se poucos dias depois da cheia. Nunca se planta na cheia, devido ao excesso de força, nem na nova, "pois nesta fase a força transmitida pela Lua é muito pouca".[42]

Cada plantio tem seu momento exato, tendo a Lua como referencial. Não se planta nos momentos extremos, quando o excesso ou a falta de força seriam prejudiciais, "empatando" ou "queimando" os legumes. Alguns produtos são plantados pouco depois da cheia e outros, pouco depois da nova.

> (...) o arroz depois da Lua cheia fica fácil de bater no pilão, casca mole, fina. A cana depois da cheia fica mais mole, fácil de chupar e moer. A banana é plantada depois da cheia, aí o pé fica mais baixo... dá cacho grande. Se plantar antes da cheia cresce muito e dá cacho menor (...). Eu não gosto de plantar nada na crescente, é uma coisa que a gente vê subir muito, forma logo... mas fazer roça na crescente

---

41 Roberto Almeida, *op. cit.*, p. 15.
42 *Id. ibid*, p. 16

> não dá resultado, porque o arroz fica com a casca grossa, a cana fica dura demais, a banana fica um pé esquisito e o cacho, pequeno (camponês de Santa Terezinha).[43]

Mas existem plantas cujo plantio se dá, pelo contrário, entre a nova (fraca) e a cheia (forte): "... coisa que interessa formar, planta na crescente: gergelim, pasto, capim, quer ver ele grande e sadio, aí fica forte. Fruta [árvores frutíferas], canteiro de horta que tem futuro bom, cebola".[44]

Pode-se verificar, então, sob outra perspectiva, que, se o consorciamento é a modalidade de plantio preferida, tanto em Santa Terezinha como entre os sitiantes de Sergipe, consorciar significa plantar tudo no mesmo espaço, mas não ao mesmo tempo.

Como observa Almeida, há diferenças entre o que se planta na crescente e na minguante. A Lua, pouco antes de cheia, está ganhando força, que é transferida para a terra, tornando forte o que for plantado nesta época, que é uma época forte. Tudo crescerá e ficará duro, resistente. Na minguante, pelo contrário, a Lua transmite menos força para a terra, e através desta para as plantas. O que for plantado nesta época irá crescer menos em estatura e ficará mais macio.

Aqueles lavradores percebem uma relação inversa entre o "pé" e a "fruita". Quando o primeiro se desenvolve muito, a fruta desenvolve-se pouco e vice-versa. Portanto, antes da cheia, são plantados os produtos que devem ter muito volume e altura, ou resistência, como as hortaliças de folhagem, onde não há fruta ou esta não interessa, ou as árvores frutíferas, de caráter perene, que devem ser fortes e resistentes para produzir por muito tempo. Por outro lado, a relação entre o "pé" e a "fruita" significa que, se o fraco quiser ficar forte, deverá tomar a força do forte, isto é, o fruto deverá tomar a força do "pé". No conjunto, o resultado seria um jogo de soma zero.

A terra, para o grupo estudado por Almeida, também pode ser forte ou fraca. A primeira, tal como em Sergipe, é aquela que tem muita "vitamina". Esta vitamina é representada pelo húmus natural, pela adubação e também pela chuva. A chuva, elemento da natureza definido como forte, é também considerada alimento da terra. A terra forte é aquela que pode ser cultivada por até três anos consecutivos e que demanda um tempo de pousio de apenas dez anos. Uma terra com

---

[43] *Apud* Roberto Almeida, *op. cit.*, p. 40.
[44] *Loc. cit.*

pouca "vitamina", o que inclui pouca umidade, é fraca. Entre as duas, existe a terra nem forte nem fraca, ou forte-fraca.

Para esses mesmos camponeses, as plantas também são fortes ou fracas. Na terra fraca só se cultivam culturas fracas; na terra forte-fraca podem ser cultivadas plantas fortes e fracas; na terra forte só se podem plantar cultivos fortes. Mas a terra vai aos poucos perdendo sua força, pois esta é transmitida às plantas, segundo o mesmo princípio que transmite a força do "pé" para a "fruita". Assim, numa terra forte, durante o primeiro ano, não pode ser plantado o milho híbrido, considerado fraco. Mas pode-se plantar a variedade de milho "grandão", variedade rústica já existente antes da introdução do híbrido. O arroz nunca deverá ser plantado no primeiro ano, quando a terra retém toda a sua força, porque irá "queimar". No segundo ano, quando a terra já transmitiu parte de sua força, podem-se plantar tanto cultivos fortes como fracos.

Há, portanto, duas temporalidades definidas pelo princípio do forte–fraco. Uma diz respeito a um ciclo longo da terra, que de forte vai-se tornando fraca, para, através do pousio, se tornar novamente forte, e outra, de ciclo curto, dada pela Lua, que também transita permanentemente entre o forte e o fraco. O consumo é o final de um processo de transmissão de força numa cadeia energética.

Como veremos mais adiante, o tempo, inclusive o tempo histórico, é também concebido pela oposição forte/fraco.

Mas o princípio do forte–fraco implica ainda outra temporalidade na relação entre plantas. Como mostra ainda Almeida, na "primeira luada" (setembro/outubro) plantam-se abóbora, melancia, batata, inhame e outros produtos considerados fracos ou fortes-fracos (que não podem, contudo, ser plantados em terra forte). Na "segunda luada" (outubro/novembro) planta-se o milho, cultura forte. Na "terceira luada" (novembro/dezembro) planta-se o arroz, cultura fraca. Finalmente, nas quarta e quinta "luadas" (dezembro/fevereiro) são plantadas culturas fortes, como a mandioca, o algodão, o feijão, etc.

A sequência de luadas expressa, pois, outra dimensão do princípio da alternância, agora no tempo, entre o forte e o fraco. O consorciamento no espaço envolve uma alternância de tempo.

> Nunca se planta uma cultura forte num período de tempo perto de uma cultura fraca (...), sempre se pula uma Lua entre os plantios fortes e fracos. O fato de o arroz ser plantado entre dois elementos

> fortes (...) se explica por este salto de um mês entre o seu plantio e o dos outros, salto este que permite que ele não seja atrapalhado por um ou por outro ao nascer e se desenvolver.[45]

Como mostra o autor, podemos perceber a lógica do "planejo da Lua" se considerarmos que o plantio na época de "Lua boa" — que pode ser a passagem do estado de fraca para forte ou de forte para fraca — permite a alternância de uma luada entre os cultivos fortes e fracos.

Se entre os cultivos fracos e fortes se interpõe um intervalo de tempo, entre eles se interpõe também um intervalo de espaço. Assim, nunca se planta um cultivo forte próximo a outro fraco. O gergelim, a fava e a mamona, considerados extremamente fortes, não são plantados no meio da roça, visto que "atrapalham a colheita do arroz", cultivo fraco.

É interessante observar que um dos locais adequados para o gergelim é junto aos aceiros que circundam a roça e que delimitam o limite entre esta e a mata. Nesse local nunca se planta o arroz. Como mostra Almeida, uma das razões reside no fato de ser o arroz uma cultura muito importante para esses camponeses, base que é de sua dieta alimentar. O gergelim e a fava, entre outros, ocupam posição secundária. Mas, como mostra ele, há outra razão: por serem muito fortes, plantados nos aceiros eles protegem a roça contra alguns invasores naturais como a formiga e a muriçoca. Plantados no meio da roça, esses elementos seriam negativos; plantados ao seu redor, no limiar entre a terra *mansa* e a natureza *braba*, como dizem os sitiantes sergipanos, eles se tornam positivos.

Para os posseiros estudados por Almeida, o gergelim tem uma função protetora: é um defensivo natural, análogo ao fumo ou ao cravo-de-defunto, usados ao redor das roças dos colonos do Sul.

Entre os sitiantes, a cerca de pindoba, já referida, é também um defensivo. Se ela separa sítios, também evita a interferência dos produtos de um sítio sobre os de outro, evitando, destarte, pela organização espacial das plantas, possíveis conflitos entre pessoas. A organização das plantas expressa, assim, a organização das pessoas: dentro de um grupo doméstico, via de regra uma família nuclear, não há fronteiras, ainda que haja espaços diferenciados hierarquicamente. Entre

---

[45] *Id. ibid.*, p.49.

sítios, que representam famílias, devem existir cercas como princípio de ordem, delimitando domínios privados distintos.

Ao longo das luadas, também se diferencia o plantio de cultivos por outras razões. Assim, plantam-se primeiro as culturas que enramam e, ao final, aquelas que dão sombra. Temos então:

primeira luada — poucos pés de plantas que enramam, não gostam de muita água e são fracas (ex.: abóbora);

segunda luada — muitos pés de plantas fortes, que precisam de muita água, não enramam e são cultivos nobres (ex.: milho);

terceira luada — muitos pés de plantas fracas, que precisam de muita água e são cultivos nobres (ex.: arroz);

quarta luada — muitos pés de plantas fortes, que não precisam de muita água e são cultivos nobres (ex.: mandioca);

quinta luada — quantidade média de plantas que dão sombra, não gostam de muita água e são muito fortes, não podendo ser plantadas "no meio da roça" (ex.: gergelim).

As luadas relacionam-se, então, com a chuva, percebida como sendo "vitamina" para a terra e para as plantas e como um elemento forte da natureza: "na seca nada cria; planta na sequidão que ela não nasce. O alimento da planta, dando tudo sadio, é a chuva; a chuva que é a vitamina da cultura". Como mostra Almeida, ela é o único elemento imprevisível do processo de trabalho. Como em Sergipe, sua ausência ou seu excesso são considerados um castigo de Deus decorrente dos "abusos" do homem.

Para os posseiros de Santa Terezinha, a chuva, tal como a Lua, tem seu ciclo: de setembro, quando ela "aparece", até fevereiro, sua intensidade aumenta continuamente. De fevereiro até abril sua intensidade vai diminuindo até "desaparecer":

> Temos assim uma repetição do modelo da Lua onde a chuva aparece (fraca), ganha força, se torna torrencial (forte), perde força e desaparece (fraca). O lavrador se aproveita deste movimento da chuva para plantar o tipo mais indicado de cultura em cada mês".[46]

Voltemos agora aos sitiantes sergipanos. Além da oposição fraco/forte, que só conseguimos apreender com relação aos solos e aos

[46] *Id. ibid.*, p. 45.

alimentos, eles organizam seu conhecimento e, por meio dele, seu processo de trabalho, a partir da percepção das plantas e do solo como *quentes* e *frios*.

Já fizemos referência à distinção entre o chão de roça e a malhada. Ressaltamos a diferença de valor atribuído a cada um destes tipos de solo e a seu uso diferenciado: agricultura de tipo *fallow* no primeiro e intensiva no segundo. Também mencionamos que, ao longo do tempo, o primeiro pode-se transformar no segundo.

O termo chão de roça refere-se, como vimos, a uma qualidade e também a um momento do processo de trabalho. Após a derrubada, a terra é trabalhada como chão de roça durante algum tempo, sem adubação. Essa terra é *forte*, com muita *vitamina,* e por isso não necessita do esterco de gado. Ao longo do tempo, ela vai enfraquecendo e pode ser devolvida ao processo natural de pousio, que irá refazer sua força, ou poderá tornar-se malhada.

Uma vez "domada", a terra permanece forte por algum tempo, pois recebeu vitamina do mato que a recobria e também da cinza resultante da queimada. O cultivo torna-a fraca, pois ela transferiu sua vitamina para as plantas. Caso ela seja *quente*, precisa descansar durante um período que varia de sete a trinta anos, a depender do tipo de solo e da disponibilidade de terras, ou será transformada em pasto, sendo a roça transferida para terras arrendadas.

Existe uma gradação quanto à força original da terra. Se for terra de *matona* (cobertura vegetal natural densa e de maior altura), ela é percebida como mais forte do que aquela coberta pelo mato (menos denso e de menor altura). Esta última é mais forte do que a terra coberta por capoeira grossa, por sua vez mais forte que a terra de capoeira fina.

A matona não mais existe e é parte de uma idealização do passado, quando não só a terra mas também os homens eram mais fortes. Ela era também fonte de madeiras não mais existentes, usadas na construção de casas, percebidas como muito mais resistentes (fortes) que as atuais. A matona era também rica em caça, igualmente sinal de sua "fortaleza". Desaparecida a matona, desapareceu o "tempo forte". Neste plano, a idealização do passado remete a um processo de empobrecimento (enfraquecimento) irreversível.

Portanto, o ponto de partida, logo após a derrubada e a coivara, é dado por uma terra forte e quente (mesmo que o solo seja arenoso). Com o cultivo, ela se torna fraca e quente, ou fraca e fria. No primeiro caso, temos um movimento cíclico, percebido como tal pelos sitiantes, por meio do pousio associado ao já referido *ley system*. No segundo, temos um movimento não-reversível, pois a terra se torna malhada e a prática agrícola, intensiva.

Se a terra for quente, ela não poderá receber estrume, pois este é igualmente quente. O resultado seria "queimar o legume". Se, contudo, ela se tornar fria, poderá passar a receber a vitamina do unto (que restabelecerá sua força, permitindo-lhe "alimentar" a planta), o que deverá ser repetido anualmente, ou de dois em dois anos, a depender dos produtos consorciados. Neste caso, não há uma reversão à condição de natureza, na forma de mato ou capoeira.

Informados da existência de fertilizantes químicos, que podem ser utilizados na terra por eles percebida como quente, chegaram à conclusão de que tais fertilizantes seguramente são frios. Mas, como são também caros, e como contrariam o princípio da "internalização dos supostos da produção", não são utilizados.

Temos, pois, que "quente + quente" resulta numa condição negativa. Observe-se, de passagem, que a relação aqui estabelecida é o oposto daquela relativa ao corpo em face do "sereno". Neste último caso trata-se do "quente–frio térmico"; no caso da relação terra–adubo, trata-se do "quente–frio qualidade", distinção à qual voltaremos mais adiante.

É a qualidade de ser quente ou fria da terra que irá determinar a continuidade do sistema de cultivo, pois a malhada só é possível nos solos frios.

Mas não é apenas a terra que é quente ou fria. O mesmo ocorre com as plantas, e é esta qualidade que irá determinar se e como podem ser consorciadas, pois idealmente não se devem justapor duas plantas quentes.

As oposições quente/frio e fraco/forte são complexas. Algumas plantas são quentes num momento e frias em outro. Outras plantas são sempre frias ou quentes. Também existem, como já referido, terras que são sempre quentes e outras que de quentes se tornam frias — possivelmente porque a "quentura" do mato, transmitida à terra, vai gradativamente "esfriando". Mas são apenas os solos arenosos que passam por esse trânsito e que, por isso, têm uma "natureza" distinta da dos argilosos. Recebendo a vitamina do estrume, tornam-se novamente quentes.

Assim, ao que parece, há plantas e solos que *são* quentes ou frios e outros que *estão* quentes ou frios. Já a oposição forte/fraco se refere sempre a um momento e a um trânsito que vai do forte ao fraco e retorna ao forte. Em nossa etnografia, as classificações forte e fraco aparecem referidas essencialmente ao solo. Há referências a alimentos, como vimos, mas não a plantas (ainda que os alimentos sejam retirados das plantas). Se tais qualidades se referem a uma "natureza" das coisas, essas qualidades são relacionais. Os alimentos são fracos ou fortes, quentes ou frios, em relação ao organismo de quem os ingere. As plantas são quentes ou frias, umas em relação às outras.

A oposição quente/frio relativa às plantas parece corresponder à oposição forte/fraco dos camponeses estudados por Almeida, ainda que não se trate de uma equivalência absoluta. Como foi visto, existem plantas que *são* fortes ou fracas, assim como há também um trânsito cíclico do forte para o fraco, dado pelo "planejo da Lua". Se para os sitiantes não se pode justapor planta quente a outra da mesma natureza, para os lavradores de Santa Terezinha não se pode justapor planta forte a outra igualmente forte.

A oposição quente/frio não possui necessariamente uma conotação térmica. Tampouco se refere a valores positivos ou negativos. O que parece estar envolvido nessa classificação é que as plantas frias não interferem com outras; são, por assim dizer, neutras, enquanto as plantas quentes interferem com as que lhes estão próximas. Isto não significa que sejam "boas" ou "más"; significa apenas que o cultivo deve respeitar a natureza das plantas para que a colheita seja boa.

Num primeiro momento, os sitiantes classificam as plantas de maneira absoluta, mas, ao detalharem suas informações — quando revelamos nossa incapacidade de efetuar a leitura do espaço da roça que se transforma no tempo —, estabelecem certas gradações: uma planta é mais fria que outra; já foi mais quente ou mais fria, etc.

Já vimos por que a terra quente não pode receber o estrume: as plantas seriam "queimadas" por um excesso de "quentura". Não pode haver, pois, uma relação "quente + quente", mas apenas uma relação "quente + frio". Analogamente, não se podem justapor plantas quentes a outras plantas igualmente quentes, isto é, plantas que tenham a mesma natureza.

Resulta desse princípio uma lógica de consorciamento que impede, por exemplo, a justaposição do feijão ao algodão. De uma maneira geral, duas plantas quentes devem ser mediadas por uma terceira, fria, ou por um espaço maior, vazio, que "esfria", neutraliza a quentura.

O que caracteriza uma planta como sendo fria ou quente? Segundo os sitiantes, "a planta fria é a que não empata com outra". Contrariamente, a planta quente "empata" com outra, impedindo seu desenvolvimento. Duas plantas que "empatam" não podem, por isso, ocupar espaços contíguos. A planta quente não "empata", contudo, a planta fria, podendo ser localizada próximo a ela, nem a planta fria "empata" a quente.

A natureza da planta, porém, não é imutável, como já referido. Podem ocorrer mudanças previsíveis e a natureza da planta transforma-se — como nos revela um sitiante:

— O algodão quando se planta é frio; depois, quando bota rama e basula, é quente.

— E por que quando basula é quente?

— Porque é o tempo em que ele quer muito vento para que as bolas espoquem direito, senão elas ficam fechadas e a lã não presta.

Se há uma leitura do espaço plantado, ou a ser plantado, há também uma leitura do solo, que permite um prognóstico de suas qualidades. Como declarou outro sitiante:

> A terra fraca, que a gente chama, é a terra fraca para dar alimento. Ela dá miúdo. Vê bem, o terreno é fraco, não tem adubo [cinza da queimada; húmus do mato], o terreno enfraqueceu, no dizer, o terreno vai mortificando. Assim, não dá alimento. E tem terreno que não é fraco para dar os produtos, mas é fraco de água, não agüenta muita água, é brejado.

Note-se que "fraco de água" não significa ausência de água, mas incapacidade de absorção da água.

A leitura feita pelo sitiante compara a mesma espécie vegetal (catingueira, juazeiro) em solos distintos. Podemos compará-la com a leitura feita por colonos teuto-brasileiros do Sul. Estes identificam solos "gordos" (*fettes*) ou "magros" (*mageres*) pelas diferentes espécies presentes: árvores frondosas e altas nas terras "gordas"; vegetação arbustiva, rala, ocorrência de macega e especialmente do capim barba-de-bode nas terras "magras".

O mesmo sitiante informou-nos (um tanto preocupado com nossa ignorância) sobre a leitura da terra quanto à sua qualidade de quente ou fria:

— Como o sr. sabe se o chão do mato é quente ou frio?
— Olhando, ué!
— Olhando como?
— Eu só de olhar já sei. O juazeiro na terra fria fica como árvore; na terra quente, não [tem forma arbustiva]...seca mais ligeiro [em períodos de estiagem prolongada]. Tem também a catingueira. Na terra fria a folha segura mais; pelou [na estiagem], é terra quente... A capoeira de terra fria segura mais o alimento e as árvores ficam com o verde mais tempo.

Existem, porém, controvérsias. Para alguns sitiantes, a terra do mato sempre é quente, podendo ou não tornar-se fria depois. Para outros, pode haver terra de mato quente e terra de mato fria. O mato, como vegetação, porém, sempre é quente. Devemos notar, contudo, que, se há opiniões divergentes, a divergência se faz sempre dentro do modelo do quente–frio. Não é o modelo que se discute, mas a posição de cada elemento dentro do modelo, isto é, sua interpretação.

É interessante comparar a concepção dos sitiantes, relativa ao quente–frio, com a dos Maenge da Nova Bretanha.

> The opposition between "hot" and "cold" plants and substances also appears in garden magic. Taro, like yams, grow in two distinct periods — the first one when the aerial part of the plant develops, the second when it shrivels and the tubers reach maturity. Maenge growth magic, like that of the Trobrianders, stresses the opposition between these two periods. During the first stage it aims at making the taro stem shoot high and fast, during the second at making the tuber grow bigger. For some village "fathers" taro needs to be helped during the first phase by (...) "cold" plants (...). According to them, if "hot" plants, such as ginger, were used at this stage, they would make the taro die; they should be used only in the later phase. Indeed, to damage the crop of a neighbor one has only resort to (...) "hot" plants (...),exactly as sorcerers do.[47]

[47] F. Panoff, "Maenge remedies and conceptions of disease", em *Ethnology,* 9 (1970), p. 75.

Tão longe do Brasil, geográfica e historicamente, também ali existe a oposição entre quente e frio. Mais do que isso, também aí plantas quentes "empatam" outras plantas que, no caso dos Maenge, estão quentes em determinado estádio. Note-se que no Brasil é comum a associação entre o quente e a parte da planta que está fora da terra, assim como entre o frio e a parte que está abaixo da terra.

Alguns exemplos de plantas quentes, dentro os produtos cultivados na área, são o milho e o feijão-de-arranca. Entre os produtos frios temos a mandioca, a macaxeira e a batata-doce. Ao que parece, em geral, os tubérculos são frios e os cereais, quentes. Entre as espécies plantadas hoje em dia pelos roceiros devemos incluir o capim, visto que o arrendamento atual se faz "em troca do capim". Como ele é quente, o consorciamento em roças arrendadas teve de ser reorganizado.

Mas, tal como entre os Maenge, existem plantas que em certos momentos são frias e em outros, quentes, como o algodão, o feijão-de-corda e o inhame. Já vimos que as características das plantas levam a um cálculo de espaço e de tempo. A natureza quente ou fria também é levada em consideração nesse cálculo.

Assim, temos:

capim: produto quente de longa duração;
palma: produto frio de longa duração;
feijão: produto quente de curta duração;
feijão-de-corda: produto frio-quente de longa duração;
fava: produto frio-quente de longa duração;
milho: produto quente de longa duração;
mandioca: produto frio de longa duração;
macaxeira: produto frio de longa duração.
algodão: produto frio-quente de longa duração;
batata-doce: produto frio de longa duração;
inhame: produto frio-quente de longa duração.

Os produtos frios-quentes são aqueles que de início são frios, tornando-se quentes depois de algum tempo, geralmente quando começa a floração. Isto significa que um produto quente de curta duração, como o feijão, pode ser consorciado com outro frio-quente de longa duração, visto que, quando o segundo se torna quente, o primeiro já foi colhido. O feijão-de-corda pode ser consorciado com o milho, embora ambos sejam de longa duração, pois quando o primeiro começa a "amadurecer", o segundo já está maduro e a espiga já foi "quebrada". O pé de milho pode então servir de apoio para o feijão-de-corda.

O inhame, quando plantado, é frio. Mais tarde, exige espaço para ramar e torna-se quente. O único produto a ele consorciado por vários sitiantes era o feijão-de-arranca, o que nos pareceu um contra-senso, visto que no plano mais geral da classificação ambos eram definidos como quentes. O feijão, no entanto, não "empata" o inhame, pois é arrancado antes da fase de maior "ramagem" deste último. Além disso, é plantado nas laterais da coveta, enquanto o inhame, "dominante", é plantado no topo, o que significa que o primeiro não absorve os nutrientes do segundo.

Em outros casos, observando a disposição dos produtos numa mesma coveta, verificamos uma seqüência em que se alterna um produto quente de curta duração com uma planta fria de longa duração e novamente um produto quente, para então chegarmos à vala de três palmos que separa uma coveta de outra.

Outra variante de consorciamento inhame–feijão realiza uma alternância diferente num plano transversal: inhame–feijão, seguidos de um espaço vazio de três palmos; feijão–inhame, seguido de novo espaçamento de três palmos; novamente inhame–feijão, e assim por diante. Na terra de malhada, a distância entre uma coveta e outra na mesma carreira (plano longitudinal) pode ser de dois palmos, visto que há menos feijão plantado. A seqüência é, então, no corte transversal: quente-frio — espaço vazio — frio-quente — espaço vazio — quente-frio.

Tal como o algodão, o inhame, quando bota rama, passa da natureza fria para a quente. Dessa forma, num primeiro momento, encontramos no topo da coveta uma planta ainda fria ladeada por duas quentes, localizadas nas encostas. Num segundo momento, posterior à colheita do feijão, temos apenas o inhame quente, cujas ramas se expandem pelo solo e sobem pelas estacas colocadas na coveta.

A lógica do consorciamento que, novamente enfatizamos, implica um cálculo de espaço e de tempo reside no princípio de que as plantas quentes exigem maior ventilação entre elas (o que parece sugerir também o aspecto térmico), daí a intercalação da planta fria, separando-as sem interferir na ventilação. Por isso, as duas plantas, ambas quentes no plano mais geral da classificação, não são concorrentes entre si.

Por outro lado, plantas quentes exigem mais chuva que as possam "refrescar" (novamente a dimensão térmica), ou devem ser plantadas perto de córregos. Não podem, contudo, ser plantadas em terreno "brejoso" (fraco de água).

Dada a sua natureza, que transita do frio para o quente, o inhame (plantado em fins de março e colhido em agosto) pode ser novamente plantado, logo após a colheita, se a malhada estiver localizada próxima a um córrego ou em região de chuvas mais constantes. Se localizada em regiões de menor índice pluviométrico, pode haver apenas um plantio anual, "na quadra das águas". Nesse caso, logo após a colheita, as covetas são reaproveitadas. Na mesma posição em que estava o inhame, planta-se a mandioca (que se torna agora "dominante") e, nas laterais, o feijão. Há, assim, um reaproveitamento dos insumos e otimização do trabalho. A menor pluviosidade, que impede novo plantio do inhame, não é obstáculo para o cultivo do feijão e da mandioca, pois o primeiro exige tempo seco para ser colhido e a mandioca é suficientemente resistente para se manter até o ano seguinte.

A natureza quente das plantas parece sugerir a combinação de três características, segundo os sitiantes. A primeira diz respeito à sua forma fechada: densa presença de folhas (feijão), touceiras (capim), expansão das ramas (algodão e inhame). Inclui-se também o milho que, apesar de não ter forma "fechada" nem ramas, se expande pela via da polinização: "quando bota flor [pendão], ele espalha o seu pó (pólen), que empata o feijão de bajar, se estiver de flor também".

Segundo as percepções locais, as plantas de natureza quente, devido a sua forma densa, ocultam um perigo, numa outra articulação com o quente térmico: "elas gostam de esconder peçonha, aranha, cobra... elas se enrolam, ficam lá no quentinho e o pobre não vê; quando vai arrancar [o feijão], elas dão o bote".

A segunda característica é dada pela necessidade de ventilação entre elas, ou a da intercalação de uma planta fria. Para atender à sua natureza, o plantio deve ser feito "na direção do vento", quer dizer, na direção dos ventos predominantes durante o período de crescimento da planta (feijão), da expansão das ramas (inhame), da floração (algodão) ou da polinização (milho). No que diz respeito à ventilação, há uma diferença entre o milho e o feijão: enquanto o primeiro pode "sufocar" outra planta vizinha (que não seja fria), o feijão pode sufocar a si mesmo.

Conforme a periodização do plantio e as variedades utilizadas, no consorciamento a disposição das plantas modifica-se, de acordo com a ordem de prioridade. Tomando como exemplo um caso estudado, o milho foi definido como o cultivo "dominante", por isso ele ficou localizado na forma mais adequada a receber o vento, ao passo que o feijão, neste caso definido como secundário, foi plantado em menor quantidade, em posição oblíqua às carreiras. Em decorrência, observada a disposição correta das plantas, isto é, a relação entre planta quente e ventilação, é possível diminuir a distância entre as carreiras, aumentando a produtividade por área plantada.

A terceira característica das plantas quentes diz respeito à necessidade de maior pluviosidade para a planta se "situar" (capim) ou para produzir (algodão ou inhame). No caso do feijão, controla-se sua natureza pela técnica de plantio: devem ser sempre plantadas não mais de três sementes juntas, para que o feijão não se auto-sufoque, e não menos de três para que a planta não cresça demais, produzindo menos. Como disse um sitiante:

> Se plantar muito longe, a força vai para as folhas... desperdiça e não dá nada. Dá aquelas vagenzinhas pequenas, dois, três [grãos] dentro, pronto, perdeu a produção, porque folha não se come. Tem de ter atenção, dois ou três caroços [sementes] de cada lado, mais junto na carreira e deixar aberto dos lados para passar o vento, senão ela sufoca. Aí dá folha, mas não dá demais e fica tudo granadinho, bonito.

Chamamos a atenção do leitor para a semelhança entre este princípio da técnica de plantio e o observado por Almeida quanto à relação entre folhas, troncos e frutos no que tange à transmissão e absorção da "força". A lógica parece ser a mesma, embora o sitiante se estivesse referindo à natureza quente da planta, ao passo que, na etnografia de Almeida, não há referência à oposição quente/frio, mas apenas àquela do forte/fraco.

Com relação à direção das carreiras, as touceiras devem ficar relativamente próximas umas da outras, de forma que o espaço entre as carreiras viabilize tão-somente a ventilação necessária, sem dar condições de crescimento excessivo às folhas, para evitar o perigo de o feijão não "bajar" e não "granar", o que levaria à perda do "rendo".

A natureza dos produtos distingue também as condições de armazenamento. Os produtos das plantas quentes, que, como alimentos, também são quentes, são estocados no espaço da casa, nos recipientes localizados na sala, como já dissemos, ou então em espaços que já foram casa e agora são depósitos. Os produtos frios, como a mandioca, são "estocados" no próprio local do plantio, embaixo da terra. A exceção é o milho, que, "quebrado" mas não colhido, pode permanecer na roça.

Vejamos agora alguns exemplos de aplicação do princípio do quente–frio.

O primeiro exemplo é o "sistema antigo" em terra arrendada, chão de roça quente, com cultivo do algodão e duração de um ano.

O que se realiza, neste caso, é a alternância entre planta quente de curto tempo de duração (PQCD), o feijão-de-arranca, e plantas frias-quentes de longo tempo de duração (PF-QLD), como o algodão, intercaladas com plantas quentes, como o milho.

O milho deve ser intercalado com produtos frios pelas razões já vistas e porque "ele põe sombra nas plantas [vizinhas] e tira a vitamina [do solo]". Colhido o feijão-de-arranca, a alternância quente–frio na carreira desaparece e permanece apenas uma carreira de plantas PF-QLD, intercalada com plantas PQLD. O tempo de retirada do milho coincide com a transformação do algodão de frio para quente.

O esquema seguinte esclarece esse sistema:

M A F A F A M	M A A A M
abril/maio	junho/julho

A° A° A°
outubro/novembro

M - Milho A - Algodão A° - Algodão em flor F - Feijão

O segundo exemplo é o do "sistema antigo" em chão de roça "mais fresco" (embora pertencente à categoria geral de terra quente), com mandioca e em dois anos de arrendamento.

No primeiro ano, temos alternância, na mesma carreira, entre produtos PFLD (mandioca) e PQCD (feijão). Entre uma carreira e outra, o milho, que não interfere nos demais produtos cultivados. Colhido o feijão, permanecem apenas as carreiras de mandioca e o milho. Colhido o milho, permanece apenas a mandioca, produto frio de longa duração.

No segundo ano, junto a cada planta PFLD (mandioca), planta-se um produto PF-QCD (fava; feijão-de-corda). Até o final do período de chuvas, são frios; depois, quando "põem rama" ou flor, tornam-se quentes. O fato de se terem tornado quentes "não empata a mandioca porque ela está madura, pronta para ser arrancada" (além de ser fria).

Veja-se o esquema seguinte:

Primeiro ano.

Mn Mn Mn M Mn Mn Mn M
março junho/julho

M Mn F Mn F Mn M Mn Mn Mn
abril/maio setembro/outubro

Segundo ano.

Mn Fc Mn Fc Mn Mn Fc Mn Fc Mn
março/abril setembro/outubro

M - Milho Mn - Mandioca F - Feijão Fc - Feijão-de-corda

O terceiro exemplo é o de cultivo em terra arrendada, com capim e algodão.

Numa primeira carreira, temos a alternância, com grande espaçamento, entre produtos quentes e frios-quentes de longa duração (respectivamente, milho e algodão). Numa segunda carreira, uma seqüência com produto quente (feijão), com grande espaçamento entre as plantas. Os roceiros não ignoram que a presença do capim prejudica o rendimento do feijão e do milho. Como não têm poder de barganha, resta-lhes aceitar as condições impostas pelo *proprietário.* A exemplo disso, observemos o diálogo abaixo:

— Aqui não tem planta quente demais?

— Tem...mas o que há de fazer? O capim é quente, muito quente. O capim empata com o feijão, com o milho, mas o que há de fazer, se a terra é dos outros? É o capim do *forte* que empata a planta do *fraco.*

— E não dá para falar com ele para mudar isso, plantar o capim mais tarde ou mais longe do milho e do feijão?

— Dá não. Ele vai dizer que quer criar caso; que é coisa do sindicato... é capaz de não querer mais fazer o trato; vai dar para outro. Dá não.

A subordinação dos "legumes" ao capim expressa, pois, uma subordinação social.

Dentre o elenco de plantas cultivadas, o capim é considerado a mais quente, aquela que mais afeta as outras ao seu redor e que mais "vitamina" extrai do solo, o que parece sugerir uma analogia com a categoria "forte" dos posseiros estudados por Almeida.

Com a colheita do feijão, passa a haver mais espaço, de forma que o milho, embora já prejudicado, entre em processo de amadurecimento, recuperando-se parcialmente.

Colhido o milho, permanecem apenas os produtos quentes, pois ocorre a transformação do algodão. Como o espaçamento é maior, há condições de expansão tanto do capim, que já está "bem situado", como do algodão. O bom rendimento do algodão interessa também ao proprietário, pois a *palhada* servirá de alimento para o gado.

No momento final, permanece apenas a *capineira*.

É o que mostra o esquema a seguir:

M		A		M		A°	
C	F		F	C	C		C
	abril/maio				agosto/setembro		
M		A		M			
C				C	C		C
	junho/julho				novembro		

M - milho A - algodão A° - algodão em flor
F - feijão C - capim

No sistema seguinte, também em terra arrendada, o fator tempo ganha importância. Nele temos uma primeira carreira com alternância entre produtos quentes e frios e grande espaçamento. Na segunda carreira, apenas o feijão, também com grande espaçamento. Quando o feijão está florado, planta-se o capim; destarte, este último não abafa o primeiro. Por outro lado, o capim não é prejudicado pelo feijão, porque eles coexistem na mesma área por um curto tempo, apenas algumas semanas. O feijão sofre apenas um pequeno atraso no processo de amadurecimento.

Em contrapartida a esse "favorecimento" por parte do proprietário, cabe ao arrendatário realizar uma limpa adicional da terra. Essa possibilidade de consorciamento é oferecida apenas a arrendatários definidos como "interessados", "de muitos tratos" e que "nunca deram problemas" (e que tenham maior disponibilidade de força de trabalho familiar).

O esquema seguinte ilustra este sistema:

abril/maio	agosto/setembro
M A M	M A M C C
junho/julho	**outubro/novembro**
M A M C F F C	A° C C

C C
dezembro ....

A - algodão A° - algodão em flor M - milho F - feijão C - capim

Segue-se o quinto exemplo, de arrendamento em troca da palma com dois anos de duração e terra "fresca" (arenosa).

No primeiro ano, faz-se o plantio da palma com distância relativamente grande entre as fileiras. A palma é um produto frio de longa duração, visto como "descanso produtivo" do solo; pode servir de forragem e "alimenta [o solo] com vitamina". É, contudo, o mais penoso dentre o elenco de produtos cultivados, "porque quer ser plantada na terra seca e em tempo quente, o sol a pino, queimando na cabeça do pobre". Quando foi introduzido seu cultivo, usava-se uma variedade de palma grande, com folhas entre 25 e 30 cm de comprimento por 20 cm de largura e de crescimento lento. A partir dos anos 1970, passou-se a cultivar uma palma miúda, de crescimento mais rápido, maior número de folhas, mas menores, com 20 cm de comprimento por 15 cm de largura, mais tenras e com espinhos menos duros. Esse tipo de palma é mais adequado, como dissemos, ao gado "raceado".

Nos anos 1950, surge um tipo de gado resultante do cruzamento do "pé duro", de porte menor e extremamente resistente, com o gado "de fora", "zebuado", de porte maior, mas mais sensível à estiagem. Nos anos 1970, passou a predominar o gado "raceado", sem cruzamento com o "pé duro", que praticamente não mais existe na região. Por isso, os fazendeiros exigem também o plantio em troca da palma.

Entre abril e maio, ao se iniciar o período das chuvas, plantam-se na primeira carreira, entre as palmas já "situadas", duas fileiras de feijão, deixando-se sem plantar o espaço seguinte entre as palmas. A segunda carreira é composta de pés sucessivos de milho com fava ou feijão-de-corda, intercalando-se entre eles duas fileiras de feijão-de-arranca e seguindo-se um espaço vazio entre os pés de milho.

Tem-se portanto, na primeira carreira, uma planta PFLD, duas plantas PQCD e novamente uma planta PFLD, seguida de outra em igual distância. Na segunda carreira, tem-se inicialmente uma sucessão de PQLD, seguida de duas PQCD e mais uma PQLD, seguida de uma PFLD. O fato de haver duas plantas de longa duração juntas "não empata, porque a fava é fria até botar flor, depois é que fica quente; por isso, é plantada ao pé do milho... Ela bota flor, rama, quando o milho está maduro. O feijão-de-corda é frio até setembro, mas mesmo assim não muito, porque é mais fraco do que a fava". Há aqui uma associação entre "menos frio" e "mais fraco" que não logramos entender.

Entre junho e julho, colhe-se o feijão-de-arranca, período imediatamente anterior à floração da fava e do feijão-de-corda (no município de Malhador — rico em malhadas — dados os altos índices pluviométricos, podem ser realizados dois plantios, em fevereiro e julho).

É interessante observar que geralmente se plantam ambas as variedades, porque "se o inverno for bom, dá bastante fava; se a chuva for mais pouca, dá mais feijão-de-corda... planta os dois, assim sempre tem o de comer". O consorciamento, pois, envolve também uma estratégia que joga com as possibilidades climáticas. São plantados da mesma forma e no mesmo período, mas em espaços distintos da mesma roça, "para um não contaminar o outro", e preferencialmente por "mãos", isto é, pessoas, diferentes.

Existem duas variedades de feijão-de-corda, "o que enrola e o de moita". Ambas destinam-se ao consumo doméstico mais do que à comercialização e não se incluem entre os alimentos básicos, como o feijão-de-arranca e o milho. Sendo produtos secundários, são pensados em termos de "gosto", permitido, como vimos, nos períodos de maior disponibilidade de mão-de-obra.

A coincidência de tempo de amadurecimento do milho e da expansão da palma, assim como da fava e do feijão-de-corda, não dificulta a colheita (novembro-dezembro), porque o deslocamento das pessoas se faz no espaço vazio entre as fileiras, já mencionado.

Quando a fava e o feijão-de-corda entram em floração, tornando-se quentes, o milho estará maduro e "quebrado", servindo apenas de apoio.

No segundo ano, a palma, plantada no ano anterior, atinge cerca de 40 cm de altura e ocupa cerca de 50 cm de circunferência de solo. Entre abril e maio, faz-se o plantio do milho e da fava, mas agora com apenas uma fileira entre as palmas, sem espaço vazio no segundo conjunto e sem cultivo de feijão. O consorciamento obedece agora a esse espaçamento porque, sendo o milho quente, mais de uma fileira impediria a ventilação adequada ao conjunto das plantas. Ademais, depois de um ano, a palma começa a apresentar espinhos (menores na variedade mais recente), o que torna a circulação das pessoas mais difícil. A "quebra" do milho novamente se faz pouco antes da mudança de natureza da fava, de fria para quente. As plantas associam-se, pois, segundo um *timing* preciso, parte do microecossistema da roça.

A palma permanece sozinha no espaço da roça, que, a partir daí, passa a ser considerado como uma modalidade de *mato* (questão que será examinada mais adiante). Com o correr dos anos, ela adquire uma aparência arbustiva e só é cortada, com machado, em duas circunstâncias: após oito a dez anos de "descanso" da terra por ela coberta e "vitaminada", para iniciar novo ciclo de plantio; em caso de seca, quando é usada como forrageira.

Veja-se o esquema abaixo:

P P
fevereiro

P P
M A A M
junho/julho

P P
M A F F A M
abril/maio

P P
A° A°
setembro/outubro

P P
A° A°
janeiro/fevereiro

P - palma M - milho F - feijão
A - algodão A° - algodão em flor

Outro exemplo, ainda, é o do cultivo em terra quente arrendada, com capim não espaçado, sem algodão. É um dos sistemas atualmente predominantes.

Numa primeira carreira, há alternância entre produtos quentes de longa duração (PQLD) e de curto tempo de duração (PQCD), curto tempo de permanência na roça. Numa segunda carreira, somente o feijão-de-arranca (PQCD). Quando o feijão está um pouco crescido e o milho em fase de crescimento, faz-se a primeira limpa e planta-se o capim. O milho, por estar mais próximo do capim, sofre com o plantio deste, que no entanto não será prejudicado por ser mais *forte*. Esse sistema de consorciamento viabiliza uma boa colheita de feijão, mas um rendimento fraco do milho, que "empata" com o capim.

Veja-se o esquema seguinte:

M	F	M	M	F	M
	F		C	F	C
	abril/maio			junho/julho	
M		M			
C		C	C		C
	agosto/setembro			outubro..........	

M - milho F - feijão C - capim

No sétimo exemplo, demonstra-se o plantio em terra mais "fresca" (própria ou arrendada) de palma com algodão.

A palma é plantada em fevereiro, observando-se grande distância entre as carreiras "pra modo de guardar o lugar da produção que vai ser plantada na quadra das chuvas". Note-se que o termo "produção" é reservado aos produtos alimentares.

Chegada a quadra das chuvas, introduz-se nova carreira entre as palmas: milho seguido de algodão — duas fileiras de feijão — algodão e milho. Nesse sistema há portanto uma alternância entre plantas PQLD e PFLD, seguidas de PQCD, para voltar novamente à alternância anterior.

O milho é colhido logo após o feijão. Nesse caso, o milho deve ser definido como de curta duração, porque também é retirado da área cultivada, para favorecer o crescimento do algodão e da palma. Sua permanência dificultaria a colheita do algodão, que, ao se expandir, faria com que a roça ficasse "uma desordem".

Colhidos o feijão e o milho, permanecem dois produtos de longo tempo de duração: a palma e o algodão.

A última colheita do ano será a do algodão, visto que a palma permanece de oito a dez anos. Se o cultivo foi realizado em terra própria, retira-se a palhada do algodão para servir de reforço alimentar ao gado.

Segue-se o esquema ilustrativo:

P P fevereiro	P P M A F F A M abril/maio
P P M A A M junho/julho	P P A° A° setembro/outubro
P P A° A° janeiro/fevereiro (segunda colheita do algodão)	

P- palma M - milho F - feijão A - algodão A° - algodão em flor

No oitavo exemplo, apresenta-se o cultivo em chão de roça, em terra própria, pelo "sistema antigo" com algodão.

Na primeira carreira, há alternância entre algodão (PF-QLD) e feijão (PQCD). Na segunda carreira, há uma fileira de milho (PQLD), três fileiras de algodão (PF-QLD) e outra de milho (PQLD). O fato de o feijão ser plantado perto do algodão faz com que este, sendo frio durante o tempo que interessa ao sitiante, torne-se elemento controlador do crescimento do feijão, mantidas as condições de ventilação pela maior distância entre as carreiras.

A colheita do feijão abre espaço para a expansão do algodão, que apenas de três em três plantas frias encontra o milho, que, ocupando apenas uma carreira longitudinal, não chega a abafá-lo. Pelo contrário, dá-lhe mais condições de expansão.

A primeira floração do algodão faz com que este mude de natureza; por isso, o milho deve ser retirado antes que ela ocorra.

Havendo maior pluviosidade, pode haver uma segunda floração, chamada "florada de novembro", decorrente das chuvas de novembro, e com maior produção que a primeira. Segue-se a transferência do gado para a ex-roça, para se alimentar da palhada.

O esquema a seguir ilustra essa forma de consorciamento:

	A	F	A	F	A				A	A	A	
M	A		A		A	M		M	A	A	A	M
	A	F	A	F	A				A	A	A	
	abril/maio								junho/julho			
	A°		A°		A°				A°	A°	A°	
	A°		A°		A°				A°	A°	A°	
	A°		A°		A°				A°	A°	A°	
	setembro/outubro								janeiro/fevereiro (segunda floração do algodão)			

A - algodão   A° - algodão em flor   F - feijão   M - milho

No nono exemplo, demonstra-se o plantio em terra própria, em chão de roça, pelo "sistema novo".

Em abril, inicia-se o plantio em que, a cada quatro palmos, são alternados o milho e a fava (PQLD e PF-QLD), seguidos de duas fileiras de feijão (PQCD) e, depois, novamente, o milho e a fava. Segue-se uma carreira só de feijão, sendo respeitado o "vazio do milho" da carreira anterior, e depois nova carreira igual à primeira.

Nesse modelo de consorciamento, a forma de plantio é alterada. Ao invés de todos os produtos serem plantados ao mesmo tempo, como nos anteriores, eles são plantados sucessivamente, dada a pequena disponibilidade de força de trabalho. O processo de trabalho é definido não apenas pelas exigências das plantas, mas também pelo fator mão-de-obra.

Essa forma de consorciamento expressa um momento do ciclo de desenvolvimento do grupo doméstico, que, como no exemplo em pauta, conta apenas com o pai e sua esposa, pois os filhos ainda são pequenos.

Como disse um sitiante:

— Planto primeiro o milho e a fava e depois que terminei esses dois vai o feijão; depois, nascendo o milho, planto o algodão.
— E por que o sr. planta assim?
— Com os meus meninos todos pequenos, como vou fazer? Ela [a esposa] só pode ir comigo vez que outra... chamar um trabalhadorzinho nesses tempos difíceis, dá não. Desse jeito vou lutando, sempre dá para o gasto. Faltar [comida] lá em casa nunca faltou.
— E como faz no tempo de colher?
— Do jeito que foi plantado, madura um, colhe. Depois vem o outro.

Em abril ou maio segue-se o plantio do algodão.
A colheita segue a mesma lógica: primeiro o feijão, abrindo espaço para o algodão. Em seguida colhem-se o milho e a fava e, por fim, o algodão (que neste local só produz uma florada). O milho "morto" permanece no campo, formando, junto com o restolho do algodão, a "palhada" que irá alimentar o gado.
O esquema seguinte ilustra esse sistema:

M	F		F	M	M	F		F	M
Fa				Fa	Fa				Fa
	F		F			F	A	F	
M	F		F	M	M	F		F	M
Fa				Fa	Fa				Fa
		abril					abril/maio		
M				M	<u>M</u>				<u>M</u>
		A°					A°		
M				M	<u>M</u>				<u>M</u>
		setembro/outubro					novembro/fevereiro		

M - milho F - feijão A - algodão A° - algodão em flor
<u>M</u> - milho "morto" Fa - fava

Finalmente, demonstra-se no décimo exemplo o plantio em malhada de areia grossa, em terra própria, com cultivo de batata-doce, mandioca, feijão, amendoim e milho.

Num primeiro momento (março/abril), encontramos uma carreira de covetas apenas com batata-doce colocada no topo. Entre as covetas e entre as carreiras, planta-se milho, saltando-se sempre um espaço entre covetas. Numa segunda carreira, planta-se mandioca no topo, ladeada por feijão; fora das covetas, planta-se amendoim, também "pulando" um espaço. Na terceira carreira, planta-se mandioca no topo e feijão nas laterais. O milho, novamente entre covetas e entre carreiras, sempre se saltando um espaço. Na última carreira, repete-se a primeira, e assim por diante.

O desenho a seguir representa este primeiro momento:

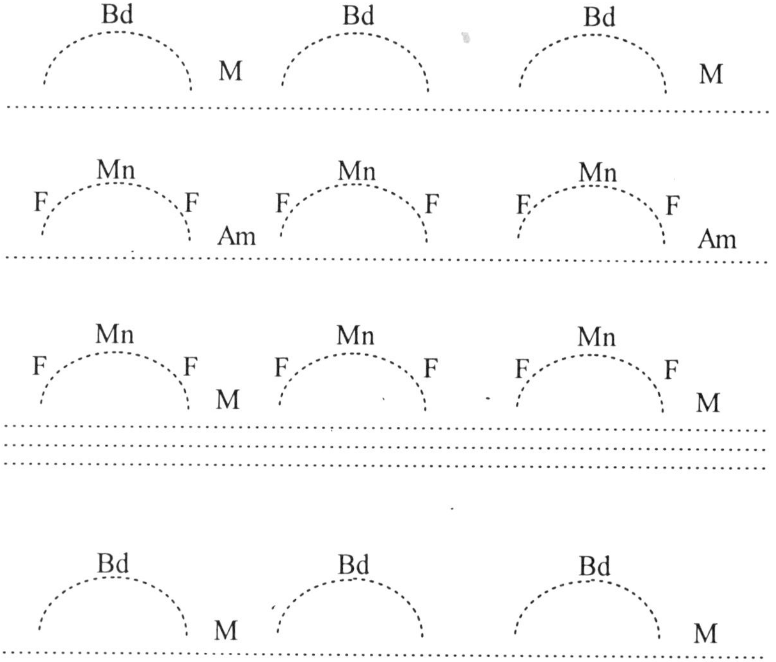

março/abril

Bd - batata-doce Mn - mandioca F - feijão
Am - amendoim M - milho

Num segundo momento (junho/julho), o feijão já foi colhido e nas covetas encontram-se apenas a batata-doce e a mandioca, em carreiras distintas.

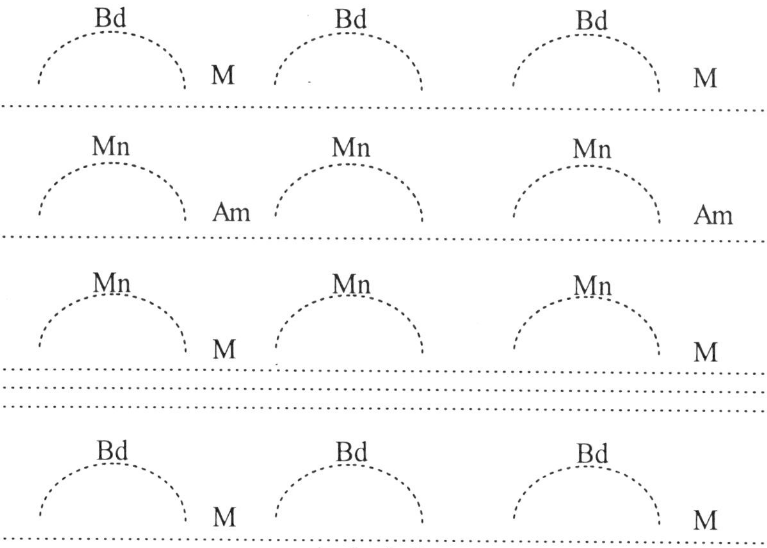

junho/julho

Bd - batata-doce   Mn - mandioca   M - milho   A - amendoim

Num terceiro momento, o milho e o amendoim, plantados entre covetas e entre carreiras, já foram colhidos, permanecendo apenas a palha, que será utilizada no futuro como adubo verde.

É o que mostra o desenho seguinte:

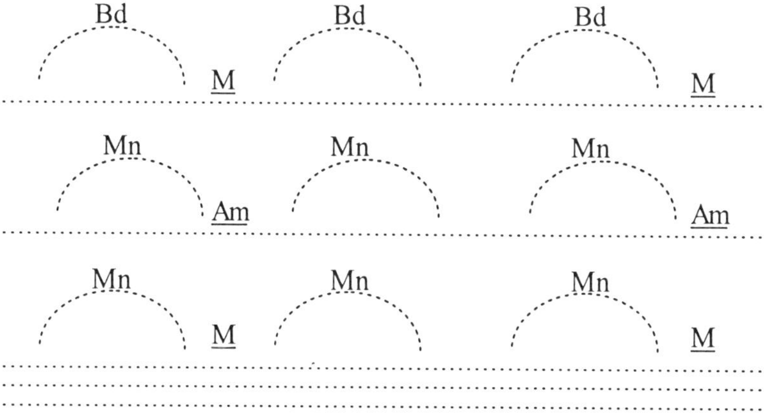

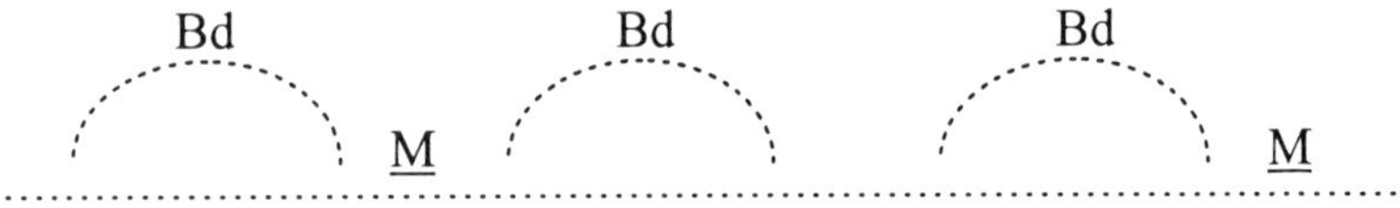

setembro/outubro

Bd - batata-doce Mn - mandioca M - milho morto
Am - amendoim morto

No segundo ano, o mesmo espaço apresenta-se como no desenho seguinte. Agora plantam-se o feijão e o milho entre covetas. Observe-se que, enquanto o milho é plantado longitudinalmente, o feijão é plantado transversalmente, construindo-se, assim, os chamados "corredores de ventilação".

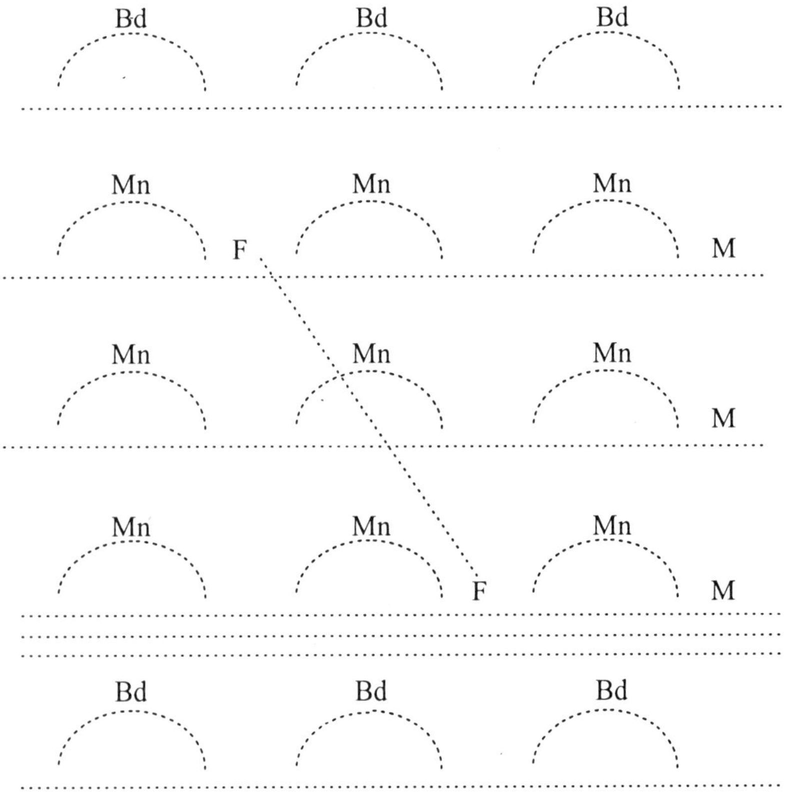

Bd - batata-doce   Mn - mandioca   F - feijão   M - milho
------ - nível do solo

Obs.: Corredores de ventilação — enquanto o milho e a mandioca se dispõem longitudinalmente, o feijão dispõe-se obliquamente.

Além dos produtos principais, faz parte ainda do consorciamento uma série de produtos secundários, de certa forma marginais, como já vimos, plantados nas pontas das carreiras, como o amendoim, o quiabo, o jerimum, a melancia, a couve, etc. O fato de serem "marginais" não significa, porém, que escapem ao critério do quente–frio.

A lógica do consorciamento é dada, pois, a partir das exigências das plantas definidas como básicas, segundo a já referida hierarquia dos produtos — básicos e complementares — que define relacionalmente a organização deles no espaço e no tempo. Como vimos, não são sempre os mesmos produtos que ocupam posição dominante; a hierarquia é conjuntural, a depender do que é mais valorizado em cada momento. Essas exigências são expressas pelas diferentes naturezas das plantas (quentes ou frias) e por uma espécie de temporalidade das mesmas (longa ou curta duração) que permitem diferentes estratégias para consorciá-las no espaço. O cultivo é como que uma negociação entre as necessidades do sitiante e as necessidades e as qualidades das plantas. Se, como dissemos, aquela hierarquia é conjuntural, o princípio do quente–frio, contudo, é estrutural e permanente.

O cultivo, visto como um cálculo, implica um conjunto de fatores. De um lado, os macrossociológicos, determinados pelas transformações da estrutura agrária da região e das condições de acesso à terra. O "tempo antigo" era diferente do tempo atual, como foi visto. Aumentou a demanda pela terra, seja em decorrência do crescimento demográfico, seja em virtude da concentração fundiária que acompanhou o fechamento das *soltas*. Alteraram-se também as condições de acesso às terras arrendadas. De uma situação favorável ao roceiro, passou-se a outra, em que ele tem pouco ou nenhum poder de barganha. O capim implicou não apenas mais trabalho com menos produto, mas também um novo cálculo do espaço da roça e da forma de organizá-lo, pois o capim é quente.

Por outro lado, as condições de cultivo dependem ainda do ciclo de desenvolvimento do grupo doméstico. Assim, por exemplo, num momento demograficamente favorável, quando o grupo doméstico conta com "unidades de produção" em quantidade suficiente, é possível distribuir a força de trabalho entre o sítio e as terras arrendadas.

A classificação das terras em frias e quentes também foi registrada por João Pina-Cabral[48] em Portugal e por Tereza Rojas Rabiela[49] no México. Em Portugal as terras frias parecem ser as terras altas, onde a temperatura é mais baixa. Rojas Rabiela cita o frade Juan de Torquemada, que, no começo do século XVII, menciona *tierras calientes* nas ladeiras e gargantas da serra.[50] Rojas Rabiela também se refere a *tierras frías* em bosques frios e *tierras calientes* em bosques tropicais. Tal distinção entre tipos de terras parece referir-se mais a condições climáticas e topográficas que à natureza da terra, tal como percebida pelos sitiantes. É possível, por outro lado, que se refira à percepção de observadores externos às culturas locais.

Mais importante para nossa análise é o fato de que Scott Hoefle[51] também encontrou, em sua pesquisa no sertão nordestino, uma classificação de solos e de plantas segundo o princípio do quente–frio.

Para vários de nossos informantes, a terra fria é aquela que "embreja" enquanto a terra quente é "enxuta". No entanto, as terras arenosas são enxutas e frias. As terras de baixio são "frescas", próprias para o milho, o feijão e o algodão, mas não para a mandioca, enquanto as terras altas são enxutas e mais quentes, próprias para a mandioca se forem pedregosas, chamadas "xerém de pedra". O porquê de uma terra ser fria ou quente varia, mas todos a classificam segundo esse princípio.

Segundo a etnografia de Hoefle, as terras mais quentes são as menos capazes de reter umidade, enquanto as frias são as mais úmidas. Segundo ele, também, o "efeito térmico é visto no sentido do terreno para a planta, de forma que as plantas específicas de cada tipo de terreno adquirem o efeito térmico crescendo num tal hábitat.[52]

Assim, se se plantar um cultivo frio num terreno quente, a planta "fica queimada" e morre. Mas o "efeito do calor" pode também se dar

---

48 Cf. a obra *Sons of Adam, daughters of Eve.*

49 Ver a obra *La agricultura em tierras mexicanas desde sus orígenes hasta nuestros días.*

50 *Id. ibid.* p. 53.

51 Cf. *Percepção do ambiente e domesticação do espaço no sertão nordestino.*

52 *Id. ibid.*, p. 24.

da planta para a terra e de planta para planta. O algodoeiro arbóreo é considerado frio enquanto novo, podendo por isso ser consorciado ao milho e ao feijão, tal como ocorre entre os sitiantes de Sergipe. Quando cresce, torna-se quente, "esquentando a terra em sua volta de tal maneira que não dá mais para plantar milho e feijão próximo ao algodoeiro maduro".[53]

Os dados de Hoefle são, de maneira geral, bastante coincidentes com os nossos, embora haja também diferenças. Assim, para aqueles sertanejos, a planta pode esquentar a terra e é por isso que a proximidade de outras plantas se torna inviável. Não ouvimos os sitiantes sergipanos mencionarem que a planta esquenta a terra. Por outro lado, no grupo por ele estudado, plantas frias não podem ser cultivadas em terra quente, enquanto, para muitos dos sitiantes por nós estudados, todas as plantas, frias ou quentes, são cultivadas em terras quentes ou frias por sua natureza original.

Contudo, a própria descrição de Hoefle parece colocar dúvidas sobre sua expressão "estado térmico". Haveria apenas um "quente–frio térmico" presente nas classificações daqueles sertanejos? A planta "esquenta" a terra em sentido térmico, ou porque transmite à terra sua "qualidade"? A distinção entre o quente–frio térmico e o quente–frio qualidade foi bastante discutida com relação à "síndrome quente–frio" no contexto da medicina popular e dos hábitos alimentares no Brasil. Alimentos "quentes" ou "frios" nada têm a ver com temperatura, mas transmitem sua "quentura" ou "frieza" ao corpo humano. Em Sergipe, as plantas são referidas como quentes ou frias com ênfase em sua "natureza", mas, ao que parece, existe também, ainda que secundariamente, uma conotação "térmica".

É possível que a planta quente transmita à terra também sua "qualidade", tornando-a contra-indicada para o consorciamento. De qualquer forma, a etnografia de Hoefle acrescenta outros elementos para a compreensão da lógica da produção camponesa nordestina e da percepção da natureza através da oposição quente/frio.

O mesmo autor apresenta uma relação de plantas quentes e frias. São frios o algodão arbóreo novo, o algodão herbáceo, o arroz, a batata-doce, o feijão-de-corda, a mandioca, o milho, a melancia e o feijão-mulatinho, entre outros. São quentes o algodão arbóreo maduro, a palma forrageira, o mandacaru, o xiquexique e o mato em geral.

---

[53] *Loc. cit.*

Essa classificação apresenta uma diferença fundamental com relação à que é feita por nossos sitiantes: ela não inclui plantas alimentares quentes. Todos os "legumes" mencionados são frios. No entanto, o autor diz que

> para cada tipo de terreno existem tipos correspondentes de plantas "frias" ou "quentes", adaptadas às condições de calor ou frio do terreno. Este sistema de classificação é voltado quase que exclusivamente para cultivos.[54]

Existiriam, então, cultivos adequados a terras quentes (plantas quentes?) e outros adequados a terras frias (plantas frias?). E, se tal sistema de classificação é voltado para cultivos, deveriam existir plantas cultivadas quentes e outras frias. Mas Hoefle não inclui nenhuma planta cultivável comestível entre as quentes, o que levaria a supor que em solos "quentes" não se plantam alimentos.

Ademais, o que é frio para os sertanejos de Hoefle pode ser quente para os sitiantes sergipanos. Assim, para os primeiros, ao que parece, o algodão herbáceo é sempre frio. Como vimos, na região estudada em Sergipe, ele começa frio para depois se tornar quente, tal como o arbóreo dos sertanejos de Pernambuco e da Bahia. É de se notar que os sitiantes por nós estudados só cultivavam o algodão herbáceo. Em Sergipe o milho é quente, ao contrário da percepção daqueles sertanejos.

Tal como em Sergipe, a vegetação do mato é considerada quente. Ao que parece, para esses sertanejos baianos e pernambucanos, as terras quentes não são muito próprias para a agricultura. Diz Hoefle que "o fator limitante para o crescimento das plantas é o calor da terra e não a frieza da terra" e que "a terra irrigada no alto [que seria quente sem a irrigação] é fria, de forma que qualquer cultivo cresce nela e a relação terreno–planta perde sua relevância".[55] Também aqui há diferença com relação a nossos sitiantes, pois para estes as mesmas plantas podem ser cultivadas tanto em terras quentes como em frias — desde que estas últimas se tornem novamente quentes através do *unto*. O "calor da terra" não é, então, fator limitante.

Também o estudo de práticas agrícolas nordestinas, realizado pela Embrater, fornece indícios relativos ao princípio do quente–frio. Em Alagoas, "o milho é plantado isolado, porque assim produz

---

[54] *Loc. cit.*

[55] *Op. cit.*, pp. 25-26.

mais; em consórcio, o milho provoca 'quentura' e prejudica a safra do feijão. O plantio isolado também reduz as despesas com as limpas".[56] O plantio solteiro tem razões ligadas à produtividade do trabalho e da terra, mas tem razões também ligadas ao princípio classificatório do quente–frio.

Se esse princípio é dicotômico em sua forma mais geral, ele permite, no entanto, gradações: existem plantas mais quentes e menos quentes; solos mais quentes e menos quentes.

O adubo revela bem essa gradação. O adubo químico é percebido como frio, embora forte; a serragem — ainda em fase experimental por ocasião de nosso trabalho de campo — era considerada pouco quente e fraca; o estrume de gado é quente e forte, mas menos que o de galinha, o mais quente e o mais forte. O adubo químico, como já dito, não é usado por ser caro e por contradizer o princípio da "internalização dos supostos da produção"; além disso, é também percebido, de certa forma, como "anômalo", porque é frio — enquanto adubos, de modo geral, são quentes. Ele, assim, escapa às características gerais de sua "espécie". Tal como acontece com os alimentos que são "reimosos" ou ambíguos, por escaparem a essas características gerais,[57] é visto com desconfiança.

A mesma gradação se observa também com relação às carnes. A mais fria e fraca é a de galinha. Paradoxalmente, seu estrume é o mais forte e quente, como que numa inversão entre alimento para pessoas e para a terra. O peixe, consumido às sextas-feiras de forma seca e salgada, é menos frio e menos fraco. A carne de gado é quente e forte, mas menos quente que a de porco. Finalmente, a carne de caça, atualmente muito rara, se for vermelha, é a mais quente e forte de todas. Já a carne branca do tatu é fria e fraca (aparentemente por "morar embaixo da terra"), porém menos que a da galinha.

Há, pois, uma relação entre a cor e a "fortaleza" ou a "quentura". Mas há outra relação significativa: os "bichos do mato" são mais fortes e quentes que os domesticados ou domésticos, porque são do mato "brabo", forte e quente.

---

[56] Embrater, *Descrição de alguns sistemas de exploração agropecuária na região semi-árida*, p. 29.

[57] Sobre o assunto, cf. Marisa Peirano, "A reima do peixe", *Pesquisa Antropológica*, 21, pp. 1-98 e Mary Douglas, *Purity and danger: an analisys of concepts of pollution and taboo*.

Os princípios do forte–fraco e do quente–frio organizam, pois, o roçado. Mas seu significado vai para mais além da praticidade imediata, como veremos mais adiante. O prático e o simbólico se fundem no processo de trabalho

CONSIDERAÇÕES FINAIS

Retomemos agora alguns aspectos de nossa etnografia.

Ao organizar o espaço do sítio, os sitiantes organizam um ecossistema composto de partes articuladas entre si. Por outro lado, e por isso mesmo, organizam o que pode ser percebido como um fluxo de energia, como mostramos na descrição do sítio. O esforço camponês faz-se no sentido do que chamamos de "internalização dos supostos da produção".

Essa organização do espaço–ambiente, que corresponde a um padrão tradicional camponês de reprodução social e de percepção do ambiente, tende a uma forma de economia auto-sustentada. Nesse espaço são construídos outros espaços, microespaços, dissemos, onde as plantas cooperam entre si e com a terra, cooperação essa que parece buscar uma harmonia, um equilíbrio. Tal ecossistema é o resultado da aplicação de um saber e este é, em boa medida, uma linguagem simbólica que constrói o mundo. Ecologia e simbolismo não são, pois, dimensões separadas.

O ideal camponês torna-se cada vez mais difícil de alcançar. O fechamento das terras soltas e o crescimento demográfico da própria população camponesa (ainda que controlada, até certo ponto, por estratégias de migração e de herança) levam a como que um "encolhimento" do sítio, tendendo, provavelmente, a inviabilizar o esforço de auto-sustentação da economia camponesa. Mesmo que esta nunca tenha existido de forma absoluta, pois o mercado sempre esteve presente em graus variados, ela corresponde, no entanto, a um modelo ideal. Esse modelo é parte mesmo das práticas de reprodução social do campesinato. As transformações do sítio, ao longo do tempo e em face das pressões históricas, são um esforço no sentido de atualizar o modelo, como resposta da lógica camponesa àquelas pressões.

Esse modelo é o processo de trabalho, que se faz no sítio por ele construído.

Mas o processo de trabalho não produz apenas alimentos; ao longo dele são também "re-produzidas" idéias. Ele pode ser visto como um processo ritual. Além disso, ele *evoca idéias*, não só para nós, mas para os próprios sitiantes. Quando falam do trabalho, falam também, literalmente, de outras coisas, o que explica o fluxo de nosso texto.

Como disse Leach, o processo de trabalho, além de suas dimensões técnicas, possui também seus *frills* e *decorations.*[1] São eles que fazem do trabalho dos Kachin um trabalho Kachin, e o mesmo pode ser dito com relação aos sitiantes que estudamos.

Mas há duas observações a serem feitas a este respeito: Leach parece separar o que Sahlins[2] chamou de "razão prática" e "cultura". Nossa etnografia sugere, pelo contrário, que o processo de trabalho é ao mesmo tempo "prática" e "simbólica". De outro lado, se existem especificidades culturais sergipanas, parece haver também uma "atualização local" de modelos ideológicos bastante mais amplos, assim como concepções morais e éticas que nos parecem características de uma campesinidade mais geral do que a situação etnográfica por nós estudada.

O processo de trabalho faz-se por meio do trabalho. Essa afirmação seria de absoluta obviedade, se trabalho fosse um conceito auto-evidente. Mas não é. Trabalho é uma categoria cultural ou ideológica e tem múltiplos significados. É, de fato, uma categoria central da teia de significados que constitui a cultura camponesa aqui estudada, e expressa uma ética. É uma categoria que não é pensada independentemente de outras, como terra, família e gênero. À diferença do que ocorre no universo de representações da produção moderna, trabalho não pode ser pensado em si, visto que é uma categoria moral.

A noção de trabalho, como categoria subjetiva, e o processo de trabalho, como encadeamento de ações, marcam distinções de gênero. Neste contexto cultural, como em outras formas camponesas do Brasil, a categoria trabalho só se aplica ao homem, mais especificamente ao pai de família. No espaço da roça no sítio, a mulher, os velhos e os não-adultos em geral não "trabalham"; sua atividade se define como *ajuda*. É só no âmbito da casa que a atividade feminina é considerada trabalho (ainda que menos valorizado), marcando assim espaços de gênero.

Nas construções ideológicas dos sitiantes existem dois circuitos de atividades, o masculino e o feminino. No plano mais amplo, tudo que

---

[1] Cf. Edmund Leach, *Political systems of highland Burma.*

[2] Cf. Marshall Sahlins, *Cultura e razão prática.*

diz respeito ao pasto e à roça é circuito masculino; o que diz respeito à casa é feminino. No entanto, existem momentos no processo de trabalho agrícola em que homens e mulheres partilham o mesmo espaço, ao mesmo tempo. São os momentos do plantio, da capina ("limpa") e da colheita.

Os próprios homens reconhecem que, em condições iguais, com instrumentos de trabalho iguais e mesmo tempo, o produto do trabalho poderia ser o mesmo. No entanto, os instrumentos, como vimos, não são iguais. Tampouco o é o tempo, pois a mulher deve interromper sua jornada de trabalho na roça para atender às crianças, preparar a comida e dedicar-se às demais atividades que lhe são atribuídas pelo "destino" que lhe é socialmente construído.

Os dois conjuntos de atividades encontram-se num "conjunto interseção", o espaço da roça já "amansado", em momentos específicos. O circuito feminino tem, assim, uma certa plasticidade, que lhe permite invadir o espaço ideologicamente definido como de trabalho masculino. O mesmo não ocorre com o circuito masculino, pois a relação de gênero é hierárquica: o homem nunca "ajuda" a mulher na cozinha, espaço simbólico por excelência de seu trabalho e reconhecido como tal. Como "conjunto interseção" surgem as ambigüidades,[3] e as mulheres em estado ambíguo (menstruadas) não podem dele participar.

Na divisão de trabalho por sexo, há como que uma "cooperação simples" — homens e mulheres fazem as mesmas tarefas na capina e na colheita — e uma "cooperação complexa" — homens e mulheres fazem tarefas distintas e complementares no processo global que faz a reprodução social, eles na roça e pasto, elas na casa. A cultura-ideologia, contudo, se encarrega de tornar a cooperação simples em complexa. É comum afirmar-se que a divisão do trabalho deriva das diferenças de sexo. Nossa etnografia mostra que o processo de trabalho, visto como processo ritual, constrói o gênero.

Como já dissemos, o trabalho só se constitui como atividade material a partir de uma atividade ideal — o saber. Existe como que um "trabalho do saber" que informa o trabalho sobre a terra, e é o domínio desse saber que define quem *governa* a atividade agrícola e, com ela, a família.

---

[3] Ver Marisa Peirano, "A reima do peixe", *Pesquisa Antropológica,* 21, pp. 1-98.

Governar o processo de produção é mais do que exercer uma atividade técnica que visa a resultados práticos, os alimentos a serem colhidos no roçado. Os próprios resultados práticos são fundamentais para o processo ideológico, pois o homem que não sabe trabalhar não tem como governar. É pelo resultado do trabalho, materializado na colheita, que se sabe se uma pessoa é ou não um bom sitiante, um pai de família. O trabalho prático é, portanto, também um trabalho simbólico, e, como vimos, se o trabalho faz o gênero, ele também faz a idade, construindo o homem.

O ponto de partida do trabalho é o *mato*, a partir do qual também se constroem espaços de gênero.

Enquanto não trabalhado, o espaço é socialmente indiferenciado, embora já apreendido, num plano genérico, pelos modelos de saber (não se sabe necessariamente o que guarda um espaço de mato específico, mas sabe-se o que existe no mato em geral). Mas, a partir do início do trabalho, ele ganha uma dimensão de espaço de gênero. O mato é um espaço interditado à mulher. E só quando ele deixou de ser "brabo", quando foi "domado", ela pode adentrá-lo, *sob o governo do homem*.

Assim que começa o processo de trabalho, começa também a simbolização do espaço, ou a "culturalização" da natureza. Vimos como o mato é um domínio de perigos, capaz de se vingar da agressão humana. Por isso mesmo, só devem nele se aventurar aqueles que são *fortes*, os homens. As mulheres só têm acesso ao mato depois que este foi *amansado*, isto é, depois que a natureza foi domesticada. Essa domesticação é feita pelo trabalho, o "operador" da passagem da natureza para a cultura, que também "domestica" outra dimensão natural, transformando sexo em gênero.[4]

A roça e o pasto, resultados do trabalho sobre o mato inicial, são espaços do *trabalho* e, como tal, do homem. Opõem-se ao espaço da

---

[4] Outras representações, que não podem ser aqui tratadas, convergem com aquelas relativas ao processo de trabalho na construção do gênero. São aquelas referentes ao corpo e aos processos fisiológicos da menstruação, gravidez e menopausa, assim como as que dizem respeito à relação entre alimentos e organismo humano, masculino e feminino. No fundamental, não são diferentes do que foi observado por vários autores, como Maria Angélica Maués, Martin Alberto Novión e Marisa Peirano, respectivamente em *Trabalhadeiras e camarados, Anátomo-fisiologia popular e alimentação na mulher e no binômio mãe-filho,* "A reima do peixe".

casa, domínio da mulher. Como mostrou a etnografia de Almeida,[5] a presença da mulher no espaço do homem "empata" a produção, e a presença do homem no espaço da mulher "empata" a comida. Como mostrou nossa etnografia, à mulher menstruada é interditado o espaço do homem. São concepções classificatórias que demarcam espaços de gênero, cujas fronteiras não devem ser transgredidas, para que sejam mantidas as fronteiras sociais. Parecem, neste particular, semelhantes à noção de *panema*,[6] embora esta tenha ainda outros significados.

A construção dos espaços de gênero faz-se ainda pelo uso simbólico dos instrumentos de trabalho.

Vimos como o machado tem uso simbólico. Novo e mais "produtivo", ele é o instrumento do homem na derrubada do mato; velho, ele passa para a mulher. Isto é, depois de "amansado" pelo trabalho do homem, ele pode passar à esfera doméstica, oposta ao mato. Ele foi como que "domesticado". Antes disso, porém, ele poderá passar para um filho já em idade de trabalhar como assalariado, no caso dos sitiantes fracos.

Observamos o mesmo com relação à foice usada na brocagem do mato. Machado e foice, além de serem instrumentos do trabalho prático, são também instrumentos do "trabalho simbólico", insígnias de uma hierarquia continuamente "trabalhada" em múltiplas esferas da vida social. Passando, ao longo de sua vida útil, de homens para mulheres ou crianças, eles são otimizados em função de critérios de produtividade. Existe nisso uma dimensão técnica. Mas, ao atravessar seu ciclo de vida, os instrumentos de trabalho realizam outro "trabalho", o da ideologia, tornando-se difícil separar a dimensão técnica dos *frills* e *decorations*.

Mudando de mãos, mudam de significado ao longo de seu ciclo de "vida" e ao longo do processo de trabalho. Assim, o machado mais novo é do pai, para ser utilizado em tarefas definidas como especificamente dele. O mesmo ocorre com a enxada e seu exemplo é significativo: nova, ela é do pai e designa a categoria *trabalho*. À medida que se vai desgastando, ficando mais leve e menos produtiva, passa às mãos da mulher, designando a categoria *ajuda*. Finalmente, quando

---

5 Cf. o estudo *O saber camponês*.

6 Sobre o assunto, ver Eduardo Galvão, *Santos e visagens*, e Charles Wagley, *Uma comunidade amazônica*.

muito desgastada, passa às crianças e designa "lazer" — "é para os meninos ficarem brincando".

Há então um paralelismo entre a força plena das pessoas e a "força plena" dos instrumentos. Se, como já dissemos antes, há nisso uma "razão prática", há também nesse uso ritual dos instrumentos, no contexto do movimento do trabalho, um sentido indéxico. Isso mostra que não basta falar dos instrumentos de trabalho em si mesmos, quando se descreve o processo de trabalho, pois eles não são apenas meios de produção material, mas também meios de produção simbólica. A ergologia não esconde a simbologia. Se os meios de trabalho expressam as forças produtivas, expressam também as forças ideológicas. Há uma homologia entre a série instrumentos e a série pessoas: instrumentos "plenos" e "marginais"; pessoas "plenas" e "marginais".

O uso de um instrumento gasto, por um chefe de família, expressa uma situação de precisão. Um dos indicadores do sucesso da migração temporária do sitiante está no fato de ele trazer, quando volta, novas "cabeças" de enxada, machado ou foice, de marcas industriais valorizadas (o cabo será feito com a madeira extraída do mato ou da capoeira).

Esse circuito dos instrumentos de trabalho atua simbolicamente, marcando posições na hierarquia — mesmo porque a divisão do trabalho no âmbito familiar não é apenas técnica — e dizendo quem é quem. "Velhos", eles vão para os novos. Esgotados pelo *trabalho*, vão para aqueles que ainda irão começar a trabalhar, ou para aqueles que *não trabalham*. Há, pois, uma relação entre o ciclo de "vida" dos instrumentos, o ciclo de vida das pessoas, a hierarquia e o gênero, na própria medida em que ao longo do ciclo de vida mudam de espaço. A "vida útil" dos instrumentos tem significado para mais além do trabalho visto em sua materialidade. Terminada sua utilidade imediata para o homem, começa sua utilidade para a hierarquia.

Definindo os padrões alimentares, o processo de trabalho novamente define o gênero, porquanto, como vimos, há diferenças entre o que é comido pelo homem e pela mulher.

Se o processo de trabalho produz o gênero, ao falar dele os sitiantes (e mais notadamente suas mulheres) também o associam à sexualidade, sempre em tom jocoso; ao fazê-lo, novamente falam de gênero. A começar pelo fato de serem os pêlos pubianos femininos denominados "mato". Enquanto solteiras (não "domadas"?) as mulheres mantêm os pêlos pubianos. Pouco antes da cerimônia do casamento, porém, a noiva é submetida à retirada desse "mato", segundo dizem, para que o marido possa nela "plantar" na noite de núpcias. Dizem as mulheres que não precisam "brocar o mato" porque já "brocam o mato delas", "governando" seu próprio corpo. Assim como dizem os homens com relação à roça, dizem as mulheres: "limpinha é uma lindeza".

A raspagem dos pêlos pubianos faz-se durante toda a vida de casada. Aliás, um dos sinais da viuvez é que a mulher deixa de raspá-los. Uma viúva "de respeito" deixa crescer os pêlos; se continuar raspando, é porque está "tendo um caso", o que não é bem-visto pela comunidade. Antigamente, porém, as viúvas se recasavam: seria o retorno do "mato" um "descanso"?

A mulher deve-se manter "limpa" para o resto da vida conjugal — numa clara alusão às limpas periódicas da roça — tal como uma malhada, com a qual se compara, para que possa ser fertilizada pelo homem que a "trabalha". Tanto a mulher como a malhada são vistas como passivas e nenhuma delas "produz" sem a iniciativa do homem. Aliás, uma malhada cheia de unto é considerada "prenhe". O homem, com habilidade, introduz o unto quente (vitamina) na malhada fria, deixando-a "satisfeita". Em troca, ela, por si só estéril, após alguns meses de espera ansiosa, retribui com os frutos. O homem, dizem também, provê a vitamina da mulher.

Já dissemos que a edificação das covetas é atribuição do chefe da família e relacionamos isso à hierarquia. Mas há outra dimensão: é ele que deve trabalhar a coveta porque "o pai é que sabe como ela gosta". Ao dizer isso, as mulheres riam disfarçadamente; estavam fazendo alusão à perícia do homem em satisfazer a mulher em suas necessidades sexuais. Tendo seus desejos satisfeitos, a terra retribui com a produção almejada. Analogamente, a mulher, tendo atingido um bom orgasmo, acolhe a "semente" do marido e, segundo algumas, retribui com um filho homem (em outro contexto de discurso, porém, o sexo do filho depende da Lua).

Além disso, o lugar da sexualidade, ao contrário do que pensávamos inicialmente, não é o quarto da casa, ou não exclusivamente o quarto. Para nossa surpresa, é a roça. Mas não em qualquer momento: a roça torna-se adequada quando as plantas alcançam certa altura e garantem privacidade. É então que as plantas estão quentes, e de acordo com as mulheres, as pessoas também. As mulheres ficam quentes quando as plantas começam a "basular" ou a "botar flor". Só depois de algum tempo entendemos por que se fazia tanta questão de que a pesquisadora estivesse sempre acompanhada por outra mulher, geralmente filha do sitiante, quando ia com ele para a roça, a fim de observar a organização do espaço. Era para manter o "respeito".

O processo de plantio, quando se segue imediatamente à abertura das covas, com sua divisão de trabalho, é explicitamente associado à sexualidade, ainda que haja uma inversão com relação à reprodução humana, não perdida de vista nas falas sobre o assunto, principalmente no que tange à mandioca — lá, como cá, metáfora de um pênis com dimensões apreciáveis. O homem "vai na frente" abrindo os "buracos" (covas); a mulher "enterra o talo". Às vezes as mais desinibidas, via de regra as com mais idade, que "podem falar dessas coisas sem vexame", dizem "enterra o pau". Na ausência de crianças, que fecham as covas, isto é feito pela mulher. O movimento desta é descrito, maliciosamente, como uma dança, "a dança da planta" (no sentido de plantio), um movimento rítmico dos pés empurrando a terra, que leva a um movimento de quadris, visto como erótico. Por fim, o filho "fecha o buraco". Comparam tal processo de trabalho a outra atividade na roça, o intercurso sexual: a mulher "abre o buraco", o homem "enterra a maniva" e mais tarde o filho "sai do buraco".

O processo de trabalho não apenas evoca a sexualidade. Com relação aos ritos de passagem, ele se associa estreitamente a ela. Quando um jovem atinge 14 anos de idade, tem lugar sua iniciação sexual, freqüentemente por intermédio de uma prostituta indicada e paga pelo pai.

Tal iniciação pode ocorrer ainda de outra forma, ritualizada, para todo um grupo de idade. Assistimos a uma "festa" realizada por "pastoras" que executavam danças e cantos por ocasião de um "reizado", variante de um "bumba-meu-boi". Sob as vistas das orgulhosas mães postadas em semicírculo, no meio do qual estavam as pastoras, cada um dos pais escolhia uma pastora e pagava-lhe para dançar com o filho. As pastoras — que, viemos a saber depois, eram prostitutas — depois de dançar com os jovens, levavam-nos discretamente para um local afastado, onde lhes era ministrada a primeira lição nas artes do sexo.

Terminado o evento, os jovens voltavam ao grupo, encabulados e sob "gozação" dos demais participantes da festa, completando essa dimensão da passagem para a condição de adulto. Esse momento marca também uma separação entre os sexos. O "menino" passa definitivamente para o domínio masculino e deve ter relações de evitação com sua mãe e irmãs. Daí em diante, só exercerá atividades "de homem". Mais significativo, do ponto de vista de nossa análise, é que *só depois de sua iniciação sexual, passa o filho a ajudar o pai na derruba e na queimada, isto é, no enfrentamento com a natureza perigosa, com o mato*, e já vimos que existe uma relação simbólica entre mulher e mato.

O processo de trabalho tem outros significados e todos eles começam pelo mato. Ele é o ponto de partida da construção do espaço que caracteriza o sítio. Se a partir do mato se constrói o espaço, ele também constrói o tempo. No passado (idealizado), o mato era *matona*, natureza "como Deus fez", cobertura original, ainda intocada. O tempo da matona era um tempo forte, que não mais retornará. Os sitiantes percebem, portanto, uma irreversibilidade, ao mesmo tempo histórica e ecológica. Deixar a terra em "descanso" é uma tentativa de voltar atrás, mas sabem que nunca poderão reconstituir o passado ideal. Pode-se ter novamente o mato, mas nunca a matona.

O termo possui um conjunto de significados. Historicamente, os sítios camponeses constituíram-se pela ocupação de um trecho de *mato*, palavra que neste sentido designa uma área cuja cobertura vegetal nunca sofreu derrubada, de onde se pode extrair madeira ou lenha.

Mato significa ainda natureza não-domesticada pelo trabalho humano e neste contexto se opõe a sítio, lugar do trabalho, ainda que em outro contexto o mato possa ser uma parte do sítio, como foi visto. Mas, mesmo incluído nos limites do sítio, é um domínio que se opõe à *roça* ou à *lavoura*, embora venha dar origem à *terra de trabalho*. Ainda que dentro do sítio, o mato é percebido como um domínio de certa forma desconhecido, possuidor de uma força intrínseca e com certa imprevisibilidade. Trabalhado, ele se torna "manso" em sentido análogo ao de um cavalo xucro, que, depois de amansado, se torna um meio de produção. Amansar o mato é transformar a terra, de objeto da natureza em objeto de trabalho.

Mato designa também as ervas e arbustos que crescem espontaneamente no campo cultivado, criando a necessidade da limpa. Novamente o mato se opõe à lavoura, agora especificamente aos *legumes* que se deseja ocupem, pelo trabalho, o espaço que antes era mato na primeira acepção do termo. Mas, se nessa primeira acepção, o mato dava as condições do trabalho e da própria condição camponesa, agora o mato, que insiste em retomar o espaço, obriga a realização de mais trabalho e ganha uma conotação negativa. As plantas "naturais" opõem-se às plantas "culturais" (cultivadas), ameaçando seu "prosperamento". Ele significa a invasão da roça, espaço domesticado, pela natureza, exigindo a realização de um trabalho adicional, a *limpa*. A invasão de um domínio conceitual por outro, seu oposto, "polui-o".[7] A limpa é como que uma "redomesticação".

Terminado o ciclo agrícola, contudo, no sistema extensivo a invasão do mato se torna benéfica, quando antes era daninha, visto que irá se constituir em alimento para o gado, configurando o já referido *ley system*. Isto é, o mato é benéfico após concluído o trabalho.

O mato é ainda o espaço onde se encontram "almas penadas", os mortos que não têm descanso. É um espaço da natureza que assume um domínio sobrenatural. Contrasta imediatamente com o cemitério, lugar domesticado, "casa" do falecido, "cidade dos mortos", lugar de condição determinada após os ritos de passagem que transportam a pessoa do âmbito dos vivos para o dos mortos, e onde estes podem ser reverenciados. É interessante observar que o cemitério é cercado — delimitado como espaço simbólico — por um muro, mesmo que este não tenha qualquer "praticidade", como ocorreria com uma "necrópole" dentro do espaço de uma cidade. O mato, pelo contrário, é espaço não delimitado onde ocorrem aparições de seres não-delimitados, mortos que aparecem, se movem e, por vezes, falam.

Se o mato, neste contexto, se opõe imediatamente ao cemitério, espaço da cultura e da ordem, opõe-se também ao espaço da roça, do trabalho que estabelece igualmente a ordem: não surgem "assombrações" no espaço da roça, mas só no do mato, do não-trabalho, espaço indeterminado e também deste ponto de vista sobrenatural, liminal.

Paradoxalmente, mato refere-se também a um espaço produzido pelo trabalho e a uma planta conhecida como fria, em oposição ao mato (vegetação natural) quente. Trata-se do campo de palma, a forrageira que alimenta o gado nos períodos de seca. Mas trata-se de um espaço também distinto e mesmo oposto ao da roça, embora ambos resultem do trabalho: a palma é comida de animais — comida de *bicho* — enquanto da roça sai a comida dos humanos — comida de *gente*.

---

[7] Cf. Mary Douglas, *Purity and danger: an analisys of concepts of pollution and taboo.*

Por outro lado, a palma é plantada num semicírculo que separa o espaço da casa-quintal daquele da roça, opostos ideologicamente em sua relação com a construção do gênero, pois a casa-quintal é o domínio da mulher, e a roça, o domínio do homem. É, assim, um espaço liminal.

Espaço liminal, o campo de palma é também um espaço poluído, o lugar da "privada" (a céu aberto). Portanto, um lugar onde se defeca — para grande desconforto nosso — em oposição à casa onde se come e à roça onde se planta o que se come, e onde se "transa".

A categoria mato remete sempre à natureza, em oposição à cultura: oposição à roça (*brabo x manso*); oposição ao cultivo (*mato x legume*); oposição no plano biológico-social (*comer x defecar*). Separando domínios que se complementam numa relação ambígua, a casa-quintal e a roça, a palma é ambígua, ela mesma. Nela se defeca. Seria impensável fazer isso na roça (embora se possa fazê-lo no mato, também ambíguo), pois as fezes são sujas. O que se coloca na roça são os dejetos do gado, percebidos como limpos. Mas se as fezes humanas são sujas, elas também adubam e temos outra oposição: fezes humanas, sujas, fertilizam a palma, plantação para o gado; dejetos de gado, limpos, fertilizam a roça, plantação para humanos. Uma estranha reciprocidade no plano simbólico, mas muito racional no plano prático.

Com sua ambigüidade, a palma aproxima-se do mato (espaço não-cultivado). Este último é *perigoso*, capaz de revidar, e contém elementos de indeterminação; o campo de palma é *poluído* e *intermediário*, e a relação entre perigo, poluição e intermediação é bastante conhecida na Antropologia. Distancia-se da roça pelo que já vimos e também porque esta obedece a tempos certos de plantio e colheita que se repetem ciclicamente, enquanto, para a palma, não há tempo certo nem de plantio nem de consumo. Ela se opõe ao cotidiano; só é consumida em épocas percebidas como fora do comum, o tempo das secas, tempo de castigos, enquanto a colheita é um tempo de recompensas.

Como a palma não é colhida periodicamente, ela adquire características arbustivas, isto é, ela foge às características gerais do que é plantado na roça. Aqui, o que é plantado morre após a colheita; a palma torna-se "selvagem" e sua "colheita" eventual aproxima-se de uma derrubada.

O termo "mato" tem, então, muitos significados distintos, mas eles guardam entre si algo em comum: a oposição com a categoria roça, ao mesmo tempo que têm também uma estreita relação com ela.

É importante notar ainda que o termo "mato" não designa apenas uma cobertura vegetal (embora possa fazê-lo em determinados contextos). O que mais nos importa aqui é que o termo designa tanto a vegetação quanto o solo, além de distinguir os "bichos" do pasto ou do quintal e os "bichos do mato".

No entanto, pode ocorrer uma inversão de significado. Em tempos normais, o gado localiza-se no pasto; são tempos de fartura. Mas, quando chega a seca, surge a crise, e a crise é a ruptura do cotidiano. Nesses momentos, o gado é "tangido para o mato". Se o tempo da crise é o inverso do tempo do cotidiano, o significado do mato também se inverte: o espaço dos bichos do mato torna-se o espaço dos bichos do pasto. E não deixa de ser muito significativo que os sitiantes com os quais mais falamos vieram do sertão da Bahia, "tangidos pela seca" até se defrontarem com a "matona", promessa de novos tempos de fartura.

O trabalho sobre o mato guarda outra relação simbólica, ainda, entre a natureza e as pessoas, que remete ao significado de sítio.

A direção do processo de trabalho na derrubada do mato e na queimada é dada, como vimos, a partir da casa, isto é, de *dentro* para *fora*. Essa representação remete à concepção de sítio. Até aqui lidamos com apenas um dos significados desse termo, mas ele tem vários, como já antecipamos na nota 1. Voltemos a esses significados de forma mais detalhada.

Em seu sentido mais estrito, sítio refere-se ao espaço casa-quintal, também chamado *chão de morada*. Muitos sítios estão praticamente restritos a este espaço. Ele é o domínio da mulher, em oposição hierárquica ao pasto e ao roçado, domínios do homem. Seu segundo significado designa aquilo que se aproxima da parcela camponesa, e neste plano um mesmo sítio pode conter mais de um sítio na primeira acepção, pois pode reunir uma família extensa. Assim, o mato, mesmo que dentro do sítio neste segundo significado, ainda estará *fora*, opondo-se ao núcleo central, que também expressa a família nuclear. Finalmente, em seu sentido mais amplo, sítio designa um território organizado pelo parentesco, um território de descendentes de um herói fundador, como também em outros lugares do Nordeste, como mostram Emília Godói[8] e Lídia Maria Soares Cardel.[9] O mato pode estar dentro deste territó-

---

8 Cf. o estudo *Le travail de la mémoire* (dissertação de DEA).

9 Cf. o estudo *Os olhos que olham a água* (dissertação de mestrado).

rio, mas estará além do sítio na segunda acepção e, portanto, também *fora*. Como podia estar, no passado, fora do próprio território.

Sítio, lembramos ainda, significa lugar, estar situado. Um sitiante é alguém que "está situado", tendo uma posição definida na sociedade: é alguém de dentro.

Mato é, pois, um domínio da natureza que está *fora* e é desconhecido; por isso, é perigoso e imprevisível.[10] Há uma homologia entre a relação com o mato e a relação com as pessoas. Quem não é da família (casa), núcleo central do parentesco, é de fora, ainda que de dentro do sítio-parcela (e por isso interditado ao casamento). E, no outro extremo, quem não é do sítio, no sentido mais amplo, é *estranho*, em oposição ao parente, de dentro. O estranho é igualmente o desconhecido, imprevisível e perigoso (e também não casável). A série social, então, replica a série natural.

O mato, como domínio cognitivo-simbólico, mais que como vegetação, é "domesticado" pelo fogo. Depois do fogo, ele se torna um espaço *dentro* — "manso", não mais "brabo". Esse fogo é o fogo do trabalho dos homens. Mas o espaço manso só se torna cultivo, lugar da *planta* e não mais do mato, depois que vier a chuva (água), que é o "trabalho de Deus". Portanto, é pelo fogo e pela água que se faz a cultura, o previsível, o conhecido.

A comunidade estudada por Godói opõe os *de dentro* (parentes) aos *de fora* (não-parentes; estranhos) e o ritual do compadrio faz a transformação dos de fora em de dentro, como ocorre também no grupo estudado por Soares Cardel. Os "de fora" são claramente vistos como perigosos e imprevisíveis, pois não se sabe se seguirão os princípios de reciprocidade que lá, como entre nossos sitiantes, organizam boa parte da vida social. Pelo ritual do compadrio, tornam-se "domesticados".

Ora, este ritual se faz justamente pelo uso simbólico do fogo (pular a fogueira) e pela água (circundar um recipiente que contém água). A relação simbólica entre a domesticação do estranho, do de fora, e a

---

10 Também na Europa, o mato é perigoso. Como mostra Henry Mendras, na obra *Sociedades camponesas*, o camponês europeu "isola cuidadosamente seu terreno cultivado da floresta que, pensa ele, 'come' seus cultivos. Para este último, como para o egípcio e o grego antigos, a floresta dá medo: é o domínio da natureza não-controlada, o antro de populações marginais e de feras selvagens contra as quais se deve defender de orangotangos, lobos e facínoras".

domesticação do mato que é também *fora*, parece-nos clara. Há nas festividades juninas mais, pois, que simples folguedos.

A transformação do *fora* em *dentro*, pelo fogo e pelo trabalho, permite-nos uma analogia entre a construção do sítio e a construção do país, no imaginário camponês. Para isso recorremos às observações etnográficas de Leonarda Musumeci entre camponeses da frente de expansão maranhense:

> De acordo com um enunciado muito recorrente, as *terras livres* são (ou melhor, tornam-se) terras *da Nação*; não possuem um *dono a priori* (...) mas pertencem a todos aqueles que as "amansaram", "dominaram", "exploraram", "assituaram" (...). Não possuíam história, porque nenhuma marca humana jamais fora impressa na sua superfície — e de vários informantes ouvimos afirmações do tipo: "O Maranhão não era Brasil" (...), "só tinha mata" (...). [A história] é concebida dominantemente como história de indivíduos (ou núcleos familiares) pioneiros, que, com o seu trabalho e esforço, foram pouco a pouco "dominando" a Natureza e "anexando" à Nação brasileira novos territórios.
>
> É do ato de "amansar" a mata virgem, ato via de regra realizado individualmente (e, bem ao gosto de Lévi-Strauss, através de uma *queimada*, de um "cozimento") que nasce o *direito* (os grifos são da autora).[11]

Não é só o direito que nasce desse ato, é também a Nação. Uma natureza de *fora* é trazida pelo trabalho — *e pelo fogo* — para *dentro* da Nação, pois antes "O Maranhão não era Brasil". Tal como o *mato* para os sitiantes, a *mata* é natureza pura. Para ficarmos na inspiração lévi-straussiana, poderíamos dizer que mato:sítio :: mata:Nação (isto é, o mato está para o sítio assim como a mata está para a Nação).

O processo de trabalho tanto cria a Nação como cria o sítio. Derrubar o mato é um ato "fundante".[12] É por ele que se funda o sítio, lugar do trabalho constituído pelo trabalho. É a derrubada do mato que instala o homem na "natureza de Deus" e torna legítima a apropriação da terra.

---

[11] Leonarda Musumeci, *O mito da terra liberta*, pp. 66-67.

[12] Fundante: diz-se de uma categoria do pensamento ou de um conceito que funda ou dá fundação a uma maneira de pensar, de representar; que dá fundamento a uma construção teórica ou a uma visão de mundo.

O trabalho deixa marcas no espaço, marcando o tempo. Na comunidade sergipana de Lagoa da Mata, um território de parentesco,[13] a marca fundante do espaço maior que dá identidade ao grupo é o *tanque* (pequeno açude) construído pelo ancestral fundador. Já a marca de cada sítio dentro desse território é a capoeira, que testemunha um trabalho anterior, a primeira ação sobre o mato que, marcando o espaço, marca também a memória, legitimando o domínio sobre um espaço que "reside" no tempo. É nessa memória que se evoca o trabalho e, mais que nos cartórios, nela se localiza a legitimidade da posse da terra.

O estudo de Deborah Lima-Ayres em três comunidades "caboclas" da Amazônia parece indicar que lá prevalece uma orientação de valores semelhante. São comunidades organizadas por princípios que, tal como em Sergipe, definem um território onde o trabalho legitima a posse.

> (...) the main characteristics of land tenure in the three communities are: exclusive rights over parcels of communal land is gained by labour; labour is performed by household members, who retain the benefits of their own labour; (...) the system of tenure by usufruct and the claims of kin restrict the accumulation of land. (...) residents have equal rights to clear forest and establish farm holdings (...). As already noted, any forest clearing belongs to the family which opened it. Thus, *property is created by labour invested on land* (os grifos são nossos).[14]

Mas há também diferenças com relação aos sitiantes e a outras formações camponesas do Brasil, visto que, ao que parece, naquelas comunidades amazônicas a terra não constitui patrimônio, no sentido mais preciso do termo:

> In shifting agriculture, labour investment on land does not create a fixed asset (...). In swidden agriculture (...) land is not associated with ancestral property, since there is a sense in which, in shifting agriculture labour creates land, that is, by clearing the forest. In other words, because labour invested in land by previous generations is "lost", transfer of land is not based on distant genealogical

[13] Cf. a esse respeito, de Ellen F. Woortmann, *Herdeiros, parentes e compadres*.

[14] Deborah Lima-Ayres, *The social category caboclo* (tese de doutorado), pp. 173-223.

> links. For this reason (...) claims on land are only made through living relatives.[15]

Entre os sitiantes, pelo contrário, os princípios do trabalho e da ancestralidade conjugam-se tanto na constituição do território como no direito sobre a *terra de trabalho*. Possivelmente, os caboclos ainda retêm uma ideologia de fronteira e uma percepção da terra mais "comunal" que no Nordeste. Entre os sitiantes, como dissemos, o trabalho faz marcas na memória; ao mesmo tempo, essa memória é também trabalhada pela genealogia e por regras de herança.

> In most [peasant] societies land is (...) transferred between generations through inheritance rules. As a result, many peasants have "lineage-like" kinship ideologies which link families, via their ancestors, to these fixed land holdings. However, in the communities studied there are no permanent land holdings, and thus there is no "inheritance" in the usual sense of the term. Rather, the process of transfer of land rights between generations depends on successive occupancy of the farm holding. *Capoeiras* are therefore respected as individual family property while in use. If abandoned for a long period, they can simply be occupied by another resident (grifos da autora).[16]

Isto não significa que o parentesco não seja importante nessas comunidades. Apenas, ele opera de maneira distinta, por razões prováveis cuja discussão não vem ao caso no contexto deste estudo. O que importa é a presença do princípio do trabalho. Também aqui a capoeira é um sinal de trabalho e propriedade. Mas talvez a ideologia daqueles caboclos não seja tão diferente da dos sitiantes pois, se a capoeira abandonada por muito tempo pode ser ocupada por outro, este outro deve ser "residente", vale dizer, um parente.

As representações dos caboclos são interessantes, por se tratar de um campesinato com outra experiência histórica e outra adaptação ecológica, mas onde o processo de trabalho, além de construir roçados, também constitui direitos. Não se trata apenas de como se processa o trabalho, mas, igualmente, do que o trabalho processa.

---

[15] *Id. ibid.*, p. 223.

[16] *Id. ibid.*, p. 224.

Para sitiantes ou caboclos, como também para os Ilongot, como mostra Renato Rosaldo,[17] a leitura das roças é uma forma de construção do tempo; cada roça é a expressão de um período. O conjunto das roças é a história do grupo.

Mas a leitura da roça e do espaço onde ela se faz tem ainda outro significado histórico: ela é, tal como no México,[18] a leitura da subordinação. Para os camponeses mexicanos, ao nobre e depois ao branco; para os sitiantes, aos *proprietários*.

Para os sitiantes, a roça sempre expressa o trabalho, e este o domínio sobre a terra. Neste sentido, podemos comparar as concepções dos sitiantes com aquelas dos colonizadores anglo-saxões na América.

Não deixa de haver uma semelhança entre o ato fundante do sítio com o ato fundante da apropriação do Novo Mundo pelos colonos anglo-saxões na América do Norte, como descrito por Patricia Seed em conferência pronunciada no Departamento de Antropologia da Universidade de Brasília, em 1993: aqueles colonos expressavam a posse sobre o novo domínio pelo ato simbólico de cavar a terra, significando o trabalho. Em ambos os casos, colonos anglo-saxões e sitiantes, o que dá legitimidade à posse e ao domínio é o princípio do *pro labore*.

Também para os anglo-saxões este princípio expressava uma ética do trabalho e uma moralidade, bem configurada por John Locke, para quem, aliás, "no começo, todo o mundo era como a América":

> Deus, que deu o mundo aos homens *em comum*, também lhes deu a razão para que o utilizassem para maior proveito da vida e da própria conveniência (...). Embora a terra e todas as criaturas inferiores sejam comuns a todos os homens, cada homem tem uma propriedade em sua própria pessoa (...). O trabalho de seu corpo e a obra de suas mãos, pode dizer-se, são propriamente dele (...). Seja o que for que ele retire do estado que a natureza lhe forneceu (...) fica-lhe misturado ao próprio trabalho (...) e, por isso mesmo, tornando-o propriedade dele. Retirando-o do estado comum em que a natureza o colocou, anexou-lhe *por esse trabalho* algo que o exclui do direito comum de outros homens.
>
> (...)

---

[17] Cf. a obra *Ilongot headhunting, 1883-1974*.

[18] A esse respeito, ver C. Lazcano e B. Scharrer Tam, "La agricultura en el siglo XIX", em T. Rojas Rabiela (org.), *La agricultura en tierras mexicanas desde sus orígenes hasta nuestros días*.

> Assim esta lei da razão torna o veado propriedade do índio que o matou; permite-se que pertençam os bens àquele que lhes dedicou o próprio trabalho, embora anteriormente fossem direito comum a todos (...). A isto talvez se objete que (...) qualquer um pode açambarcar tanto quanto queira. Ao que respondo: Não é certo. A mesma lei da natureza que nos dá por esse meio a propriedade também a limita igualmente. "Deus nos deu de tudo abundantemente" (I Tim 6,17) é a voz da razão confirmada pela inspiração. Mas até que ponto no-lo deu? (...) em tanto pode fixar uma propriedade pelo trabalho; o excedente ultrapassa a parte que lhe cabe e pertence a terceiros.
>
> (...)
>
> Sendo agora, contudo, a principal matéria da propriedade não os frutos da terra e os animais, mas a própria terra(...)penso ser evidente que aí também a propriedade se adquire como nos outros casos. A extensão de terra que um homem lavra, planta, melhora, cultiva, cujos produtos usa, constitui sua propriedade. Pelo trabalho, por assim dizer, separa-a do comum. Nem lhe invalidará o direito dizer que qualquer outro terá igual direito a essa extensão de terra, não sendo possível, portanto, àquele apropriar-se ou fechá-la sem o consentimento de todos os membros da comunidade — todos os homens. Deus, ao dar o mundo em comum a todos os homens, *ordenou-lhes também que trabalhassem*; e a penúria da condição humana assim o exigia. Deus e a própria razão lhes ordenavam dominar a terra (...) e nela dispor algo que lhes pertencesse, o próprio trabalho.
>
> (...)
>
> Deus deu o mundo em comum aos homens; mas(...)não é possível supor tivesse em mente que devesse ficar sempre em comum e inculto. Deu-o para uso do diligente e racional — *e o trabalho tinha de servir-lhe ao direito de posse* (...) (os grifos são nossos).[19]

Os sitiantes concordariam com Locke até este ponto de seu texto: a posse da terra legitima-se pelo trabalho, embora não partilhem, necessariamente, a visão protestante da "vocação". Como dizia um sitiante:

— O seu pai sempre foi proprietário de terras ou ele arrendava?

— Ele foi proprietário, quer dizer dono, não é? Porque ele *trabalhou* nela e depois *deixou para nós*. Proprietário mesmo nós não somos. Proprietário chama só esses que têm muita terra, e nós não têm.

---

[19] John Locke, *Segundo tratado sobre o governo*, pp. 45-47.

A resposta do sitiante revela o princípio de que o domínio sobre a terra se justifica pelo trabalho e revela também que a terra é *traditio*. Trabalhar e transmitir fazem o sitiante, mesmo porque este não é apenas um lavrador. Ele é também, e sobretudo, um *pater familias*. Contrariamente a Locke, não é o indivíduo que está sendo enfatizado, mas um chefe de família relacional. Se para ele a propriedade estava radicada no próprio indivíduo, para os sitiantes ela está radicada na família, e não constitui propriedade mercantil.

Para os camponeses estudados por Almeida,

> no início da ocupação a terra era comum, "não tinha domínio nenhum, o sujeito escolhia um pedaço e tirava a terra". Nesse tempo a terra era apossada, a cada um cabia o pedaço de terra que usava no seu sítio e na sua roça (...). Era uma típica área de fronteira, onde a terra era considerada um bem que pertenceria àquele grupo familiar que primeiro a ocupasse e fizesse "benefícios". Sendo que seus limites eram conhecidos e respeitados por todos, apesar de inexistir qualquer tipo de demarcação no local (...). *Era o tempo bom*, da fartura (...) *era tempo da palavra*" (os grifos são nossos).[20]

Não podemos esquecer de que Locke, ao discutir a legitimidade da propriedade, introduz o dinheiro já no estado de natureza, pois sua argumentação, como mostra Louis Dumont,[21] se dirige no sentido da construção do individualismo. A propriedade individual lockeana estaria como que radicada no corpo do indivíduo, morada da pessoa no universo individualista. Proprietário de si mesmo, ele é proprietário do produto de seu trabalho: "...embora a natureza tudo nos ofereça em comum, o homem, sendo senhor de si próprio e proprietário de sua pessoa e do trabalho que executa, teria em si mesmo a base da propriedade".[22]

Contrariamente, porém, se a propriedade lockeana da terra deriva da propriedade que o indivíduo tem de si mesmo, os sitiantes são mais pessoas relacionais que indivíduos.

A concepção de trabalho dos sitiantes, além de remeter a uma visão de mundo mais fundada na precedência relacional que na igualda-

20 Roberto Almeida, *O saber camponês*, p. 10.

21 Cf. a obra *From Mandeville to Marx*.

22 Cf. John Locke, *op. cit.*, p. 51.

de individualista, parece mais próxima da construção aristotélica "cristianizada" pela concepção "escolástica" do trabalho.

Propondo-se investigar a propriedade, Aristóteles indaga se a "arte de enriquecer" é a mesma que a economia doméstica, parte dela ou a ela subordinada. Sua resposta está na identificação de uma espécie de "arte de aquisição" que é por natureza parte da economia doméstica, representada pela agricultura, pelo pastoreio, pela tecelagem, etc.

> Há, portanto, uma espécie de arte de aquisição que é por natureza uma parte da economia doméstica, uma vez que esta deve ter disponíveis, ou proporcionar ela mesma, as coisas passíveis de acumulação necessárias à vida e úteis à comunidade composta pela família ou pela cidade. Tais coisas parecem constituir a verdadeira riqueza, pois a quantidade desses bens necessários por si mesmos a uma vida agradável não é infinita, apesar de Sólon dizer: "Não foi fixado para o homem um limite de riqueza".
>
> Na verdade foi fixado um limite, tal como para as outras artes, pois nenhum instrumento pertencente a qualquer arte é infinito, quer em número, quer em tamanho, e as riquezas são um aglomerado considerável de instrumentos para o chefe de família ou para o estadista. É óbvio, então, que há uma arte de aquisição, naturalmente pertencente ao chefe de família e ao estadista (...)[23]

Existe ainda outra arte de aquisição, a "arte de enriquecer". Enquanto a primeira é natural, esta segunda não o é. A diferença está no que se chama valor de uso e valor de troca. O sapato pode ser calçado ou pode ser permutado, mas o sapato não foi criado para ser permutado.

> Esta constatação prova que a arte de aquisição não é por natureza uma parte da arte de enriquecer, pois a arte da aquisição era necessária somente para satisfazer às necessidades próprias do homem (...). Os membros da comunidade primitiva costumavam partilhar os produtos que tinham; ao contrário, um agrupamento dividido em diversas famílias tinha acesso também a numerosos produtos pertencentes a seus vizinhos, de acordo com as necessidades que o forçavam a partilhar por meio de trocas (...). A permuta deste tipo não era, portanto, contrária à natureza, nem era parte da arte de enriquecer, pois existia apenas para preencher lacunas com vistas à auto-suficiência.[24]

---

[23] Aristóletes, *Política*, cap. III, pp. 1.256 b-1.257 a.

[24] *Id. ibid.*, cap. III, pp. 1.257 a-1.257 b.

Mas existe outra forma da arte de enriquecer, o comércio, contrário à natureza e ilimitado. Deriva, segundo o filósofo, do desejo de prazeres excessivos. Para as pessoas que a ele se dedicam, a riqueza é o fim a atingir e tudo mais deve contribuir para esse fim. Conclui ele que a natureza deve fornecer os meios de subsistência, pois é função da natureza assegurar o alimento.

> Conseqüentemente, a arte de obter riqueza através dos frutos da terra e dos animais pode ser praticada naturalmente por todos.
>
> Como dissemos antes, esta arte se desdobra em duas, e um de seus ramos é de natureza comercial, enquanto o outro pertence à economia doméstica; este último ramo é necessário e louvável, enquanto o ramo ligado à permuta é justamente censurado. Ele não é conforme à natureza, *e nele alguns homens ganham à custa de outros*. Sendo assim, a usura é detestada com muita razão, pois seu ganho vem do próprio dinheiro, e não daquilo que levou à sua invenção. (...) esta forma de ganhar dinheiro é de todas a mais contrária à natureza (os grifos são nossos).[25]

É sabido que as idéias de Aristóteles serviram de base para alguns dos mais influentes pensadores escolásticos, como Tomás de Aquino, para os quais lucro era sinal de torpeza. Seu maior contraste talvez esteja na conhecida "Fábula das Abelhas", de Mandeville, apologia do egoísmo individualista.

Os sitiantes, como outros camponeses nordestinos,[26] estabelecem uma distinção entre o *ganho* que resulta do trabalho e o *lucro* que resulta do negócio.[27] Não só é o *ganho* visível, enquanto o lucro é obscuro, mas o primeiro vem do trabalho. Se em Aristóteles o ganho é consoante à natureza, para os sitiantes ele é consoante aos desígnios divinos; ele resulta do suor. Em contraposição, o lucro do negócio é como que um roubo, pois, para que um ganhe, outro deve perder, num jogo de soma zero em face de um universo de bens limitados, como entre os fisiocratas.

O trabalho, como dissemos, é fundante. O fundador do Sítio de Lagoa da Mata, como dissemos, veio do sertão "tangido pela seca".

---

[25] *Id. ibid.*, cap. III, p. 1.258 b.

[26] Cf. Afrânio Garcia Jr., *Sul: caminho do roçado.*

[27] Não vamos retomar esta questão, já discutida por Klaas Woortmann em "Com parente não se neguceia". Queremos apenas ressaltar que também entre eles a "arte da aquisição" se contrapõe à "arte do enriquecimento".

Saiu, pois, de uma situação de não-trabalho. Segundo a memória do grupo, chegando ao local do sítio que iria fundar pelo trabalho, defrontou-se com "uma matona" e lá um "homem bom", o "dono daquele mundo todo", deu-lhe a terra para trabalhar. Construiu então um tanque, garantindo a água e com ela a fartura.

Na história oral daqueles sitiantes ele saiu de um inferno, o sertão calcinado pelo fogo da seca e, pelo trabalho, "construiu" a água e com ela um paraíso. Novamente, pois, o imaginário do grupo trabalha as categorias cósmicas do fogo e da água e remete-nos a novos significados do trabalho.

A percepção do trabalho é concebida segundo uma "visão bíblica" do homem, que é uma visão de mundo: "Do suor de teu rosto comerás o pão". O sitiante contrasta com os urbanos e com os proprietários, que não trabalham porque não suam.

Deste ponto de vista, o mato é novamente um começo, começo do trabalho e começo da condição humana. Se o mato é metáfora, quando os sitiantes pensam em si mesmos são como que a metonímia de toda a humanidade.

A concepção da terra nas representações locais não deixa de envolver um paradoxo aparente. A terra, em seu sentido mais genérico, que inclui o solo, a vegetação e os animais que sobre ela vivem, é a "natureza de Deus". Essa expressão designa tanto a terra a ser trabalhada como também toda a extensão das terras soltas de uso comum. Inicialmente livres, "dadas por Deus", foram indevidamente tomadas pelos proprietários, que as cercaram com o arame farpado, símbolo do "tempo de ambição" (tanto no Brasil como em outras partes da América do Sul; por exemplo, na Colômbia, como mostra Michael Taussig.[28] Contrariamente aos desígnios de Deus, essas terras foram tomadas pelo dinheiro, e não apropriadas pelo trabalho.

Mas a "natureza de Deus" é enfrentada pelo homem, que, num momento, se vê numa relação de oposição em face dela. É, porém, um enfrentamento legítimo, que se distingue da usurpação ilegítima realizada pelo proprietário. Legítimo porque "Deus botou os homens no mundo para sofrer", e porque "Deus deu a natureza para o homem trabalhar". Trabalhar — que no contexto local significa sobretudo trabalhar a terra — é o que constitui o *dono* da terra, numa concepção moral e não-utilitária da apropriação. *O homem torna-se dono pelo*

---

[28] Cf. *The devil and commodity fetishism in South America.*

trabalho e proprietário pelo dinheiro. Se, de um ponto de vista "objetivo", a terra é objeto de trabalho, de um ponto de vista subjetivo ela é condição de realização do sujeito trabalhador.

A concepção do trabalho, da terra e do homem faz-se no contexto de um catolicismo tradicional popular. Paradoxalmente, mas não contraditoriamente, o trabalho é ao mesmo tempo parte da concepção da "vida boa" desse campesinato, assim como da de outros,[29] e um castigo, uma purgação do mal que reside no homem.

A terra, em "estado de natureza", é o mato, *terra de Deus*, ou *natureza de Deus*, à qual tem direito quem trabalha. Há nisso um paradoxo, como dissemos, pois o trabalho, mais especificamente a derrubada, é percebido como uma agressão. Uma agressão, contudo, que se justifica pelo próprio desígnio divino, pois Deus "pôs o homem no mundo para trabalhar", para "suar". "O *fraco* está no mundo para sofrer" (será dele o reino dos céus?). O trabalho é o resultado da própria condição humana. Mais especificamente, é o resultado da Queda. Por ser o homem pecador, dizem os sitiantes, Deus o pôs no mundo.

Pôr o homem no mundo tem um significado específico, já que *mundo* significa o mundo do perigo, assim como significa também o mundo do pecado. De um filho do qual não se tem mais notícia, diz-se que "caiu no mundo", ou "se perdeu no mundo". Mundo tem aqui o significado inverso de *mundus*, pois é um mundo "imundo". O homem tem de trabalhar porque desmereceu o Paraíso, lugar da ordem. Se o trabalho é um castigo, pois trabalhar é purgar, ele é também o esforço de estabelecer nova ordem.

Como lemos em Gênesis:

> E a Adão [Deus] disse: Visto que atendeste à voz de tua mulher, e comeste da árvore que eu te ordenara não comesses: maldita é a terra por tua causa: em fadigas obterás dela o sustento durante os dias de tua vida.
>
> Ela produzirá cardos e abrolhos, e tu comerás a erva do campo.
>
> No suor do rosto comerás o teu pão, até que tornes à terra, pois dela foste formado: porque tu és pó e ao pó tornarás.[30]

---

[29] Ver Roberto Redfield, *The little community/Peasant society and culture*.

[30] Gênesis, cap. 3, vers. 17-19.

Embora seja trabalhador, penitenciando-se pelo suor do rosto, o homem não deixa de ser pecador. Tampouco as mulheres. Por isso, elas fazem promessa de trabalhar na roça, espaço ideológico que não é o seu, cobertas da cabeça aos pés de vestimenta preta, ou com lenço branco na cabeça, se moças. Assim suarão ainda mais que o normal.

Presenciamos uma dessas ocasiões. Uma jovem, cuja bezerra estivera "mal de morrer", havia feito promessa, em intenção da cura, de trabalhar durante um ano vestida de preto, como em luto, todas as sextas-feiras. Como a promessa se referia ao gado, um plano da produção, seu pagamento fez-se também no espaço da produção, à diferença de outras promessas.

Sua promessa perpassou todo o ano agrícola, durante o qual o campo da roça ganhou para ela novo significado, como espaço de expiação. Trabalhar era, para ela, purgar e pagar. O dia era sexta-feira, dia em que Jesus pagou pelos pecados da humanidade.

A lavoura não pode ser realizada sem a chuva. Sol *e* chuva são condições necessárias. A chuva, como vimos, é o "trabalho de Deus" e por isso não se deve trabalhar aos domingos, respeitando o limite entre o sagrado e o profano. Desrespeitar o dia de Deus "empata a produção". Como mostra Almeida:

> Nunca se trabalha no domingo, pois este dia é reservado ao descanso, é um dia santo. Qualquer transgressão a essa regra sujeitará o transgressor à ira de Deus, que o punirá por meio da frustração de sua colheita. Eu mesmo fui seriamente repreeendido por minha esposa e minha vizinha [quando] realizava inocentes trabalhos no quintal, tal como capinar o mato durante minha folga de domingo. Elas (...) insistiam que isso era um desrespeito com Deus. Minha esposa sempre afirmava que "no dia santo é proibido trabalhar com ferro (...), o povo daqui não gosta de ver ninguém trabalhar no domingo. Eles consideram isso uma ofensa". Contudo, sempre que ocorre um "aperto" na época da colheita, sempre que há o risco de se perder o produto por falta de tempo para colhê-lo, os lavradores recorrem ao trabalho no domingo. No dizer deles, "Deus entende que é por precisão". Desta forma se justifica a transgressão e se evita a punição.[31]

A fartura decorre, pois, da obediência às leis de Deus.

---

[31] Roberto Almeida, *O saber camponês*, p. 53.

> Disse mais o Senhor a Moisés: Tu, pois, falarás aos filhos de Israel, e lhes dirás: Certamente guardareis os meus sábados; pois é sinal entre mim e vós nas vossas gerações; para que saibais que eu sou o Senhor, que vos santifica.
>
> (...)
>
> Seis dias se trabalhará, porém o sétimo dia é o sábado do repouso solene, santo ao Senhor; qualquer que no dia do sábado fizer alguma obra, morrerá.
>
> Pelo que os filhos de Israel guardarão o sábado, celebrando-o por aliança perpétua nas suas gerações.
>
> Entre mim e os filhos de Israel é sinal para sempre; porque em seis dias fez o Senhor os céus e a terra, e ao sétimo dia descansou e tomou alento.[32]

Se a chuva é o "trabalho de Deus", é também percebida como bênção. Ele disse por intermédio de Jesus:

> Porque a terra que absorve a chuva que freqüentemente cai sobre ela, e produz erva útil para aqueles por quem é também cultivada, recebe bênção da parte de Deus;
>
> Mas, se produz espinhos e abrolhos, é rejeitada e perto está da maldição; e o seu fim é ser queimada.[33]

As chuvas e todo o processo de trabalho agrícola estão relacionados a São José, em cujo dia, 19 de março, deve chover. Se isto não ocorrer "quer dizer que o povo não mereceu um *ano forte*...fartura. O povo acende fogueira porque ele [São José] gosta". As fogueiras poderão fazer com que ele reconsidere; nesse caso, "o povo ganha um ano forte, ganha um inverno bom". O resultado do processo de trabalho é, pois, como que uma dádiva que o povo *mereceu* em decorrência de sua conduta moral. É como que uma contraprestação por uma obrigação anterior, que inclui as obrigações religioso-rituais (missas, procissões, etc.), mas, sobretudo, o trabalho. O fogo no ritual religioso (que se acrescenta à queimada no processo de trabalho) atrai a água; novamente podemos dizer que as fogueiras juninas são mais que folguedos.

O trabalho do homem e o trabalho de Deus completam um equilíbrio. Fogo (quente e seco) e água (fria e úmida) se complementam cosmicamente.

---

32 Êxodo, cap. 31, vers. 12-17.

33 Hebreus, cap. 6, vers. 7-8.

Mas o homem não deixa de ser pecador, dada sua triste condição. Por isso, de tempos em tempos, Deus lhe envia a seca — num certo sentido, a negação do trabalho. A seca é explicada como o "castigo de Deus" em face da "maldade dos homens". Para os sitiantes, os anos terminados em "4" são anos bons. Isto parece contradizer o dito acima, já que envolve uma certa previsibilidade. Na realidade, porém, se os anos terminados em "4" não são bons, é porque Deus está castigando os homens.

Se o trabalho tem conotações positivas, na medida em que conduz à liberdade (quando a terra é também liberta) e ao ganho honrado, ele é, por outro lado, penoso. Geneviève Delbos também observou entre camponeses da França uma concepção do trabalho penoso. Segundo ela, a agricultura tradicional exigia a sobrevivência por meio do esforço físico:

> Bourdieu (...) vividly illustrates this: "The peasant does not work in the strictest sense of the word, he labours, as in the disctinction made by Hesiode between *ponos* and *ergon*. Give to the land and she will give to you, says the proverb. This could be construed as meaning that nature, obeying the logic of give and take, only gives to those who pay tribute to her through the giving of their labour". In other words, the land is generous to those who give of themselves without counting the cost, and *agriculture sportive* is one in which value is put on generous work. Consequently, in addition to physical effort, physical prowess is also highly valued — that quality which distinguishes all those who are obliged to 'earn their living by the sweat of their brow'(...). In Picardy, André still boasts of the speed with which he cropped beet, leaving his fellow workers far behind, and alone doing on good days the work of two men. (...) paid no more for it, but socially "that's how you class a man" (grifos no original).[34]

A relação com a terra é, pois, uma relação de reciprocidade. Aqueles camponeses atravessavam um tempo em que o trabalho em si mesmo deixava de ser valorizado, para se valorizar o produto final do trabalho; onde a penosidade da *labuta* era substituída, enquanto valor, pela produtividade.

A modernização "individualista" desorganizou a autopercepção do camponês e sua visão de mundo:

---

[34] Geneviève Delbos, "Leaving agriculture, remaining peasant", *Man*, 17 (1982), p. 750.

> The persistence of this notion of work as *sportif* entails a straightforward rejection of the new agriculture. The work, being mechanised and organized solely on the basis of productivity not only renders obsolete the necessity for and the value of physical effort, it involves a series of radical changes in social relationships. (...) the less *sportive* agriculture is also less sociable, as mechanisation entails solitary work: one individual operates his machine singly in a field where formerly around a dozen people indulged in good-natured competition, emphasising their individual skills. There no longer exists a spirit of mutual aid as there is no "understanding left"; no "goodwill" and "benevolence"; only "self interest" (os grifos são da autora).[35]

Entre os sitiantes, a natureza, o mato, lugar do perigo e da ambigüidade, é de Deus, e o trabalho que o agride é, também, por sua penosidade, o instaurador de uma ordem, um "campo de cultura" que é ao mesmo tempo um "campo de honra", o lugar do trabalho honrado do qual resulta o *ganho*.

O processo de trabalho, já se vê, não é apenas algo que se faz. É também algo que se pensa. É uma "linguagem" por meio da qual, além de se construir a hierarquia e o gênero, se reflete sobre a condição humana.

O processo de trabalho pode ser visto para além de um mero procedimento técnico. Esse procedimento não é apenas *praxis* mas também *logos*, embora este último esteja mais próximo de uma "ciência do concreto" do que de uma ciência no sentido ocidental. Ele é "governado" por um sistema cognitivo e simbólico que constitui seu modelo ideal, mas que é muito mais que um simples "saber agronômico", aproximando-se de uma construção cosmológica, de uma construção do mundo; é por isso que ele é também um processo moral.

É o trabalho sobre o mato que transforma a "natureza" em "cultura". Essas são expressões dos próprios sitiantes, pois para eles o espaço não trabalhado é natureza e um campo cultivado é uma cultura. Mas, se o trabalho faz a passagem, o próprio trabalho já é cultura, visto que a natureza só é um potencial depois de "trabalhada" cognitivamente pelo saber.

Em nossa análise demos ênfase ao saber dos sitiantes. Outros autores também consideraram o "conhecimento especializado camponês",

---

35 *Id. ibid.*, p. 751.

como Garcia Jr.[36] e Sá.[37] Nosso intento aproxima-se do desses pesquisadores, mas buscamos analisar as categorias mesmas em que se funda esse saber.

A prática do consorciamento, em contraposição ao cultivo solteiro, é explicada pelos sitiantes pelas mesmas razões apontadas pelos autores acima mencionados: se houver muita terra, o cultivo solteiro é mais rentável; se houver pouca terra, como é o caso da maioria dos sitiantes, é melhor plantar "misturado". Mas o que nos interessa aqui não é o porquê do consorciamento — sua causa —, mas como se consorcia — sua lógica. Ela se fundamenta, como vimos, nas dicotomias quente/frio e forte/fraco. Como veremos, essa lógica coloca o sitiante no mundo, ainda em outro sentido.

O processo de trabalho faz-se sobre a natureza, mas a noção de natureza é complexa. De um lado, ela expressa aquilo que é desconhecido e perigoso, e o processo de trabalho é um processo de domesticação. Mas a natureza é também a "natureza de Deus" e ela engloba tanto a terra e as plantas como também as pessoas. Dizem alguns que "tudo na natureza de Deus é quente ou frio". Dizem outros, "tudo nesse mundo de Deus ou é quente ou é frio". Natureza e mundo, nesse contexto, equivalem-se. Isso parece significar que existe um ordenamento. Nesse contexto discursivo, que corresponde a um contexto de ações, a natureza e o mundo não são desordem, caos. Pelo contrário, a natureza é um *mundus*, embora não organizado pelo homem. O trabalho seria um plano de idéias que replica esse "outro *mundus*" organizado por Deus. Aprender a lidar com a terra e as plantas é apreender os princípios desse ordenamento. Categorias culturais são como que a replicação, no plano cognitivo-simbólico, dos princípios estabelecidos por Deus.

Mas há ainda outro significado: *tudo* é ou quente ou frio. O saber que informa o processo de trabalho é, então, parte de um modelo mais abrangente.

Solos e plantas, como vimos, são classificados como quentes ou frios. A oposição quente/frio tem sido bastante estudada com referência à medicina de *folk*, à concepção do corpo e dos alimentos. Parece ser uma oposição classificatória bastante difundida em várias partes do mundo:

---

[36] Cf. a obra *Terra de trabalho*.

[37] Ver, a propósito, *O pão da terra* (dissertação de mestrado).

> A hot/cold dichotomy is common in Old World peasant cosmologies. It occurs in Chinese Yin Yang symbolism and in both Burmese and Indian folk medicines. In the West, hot an cold have figured in philosophy, astrology and alchemy. Hippocratic medicine held that there were four humors in the body, each having two attributes: blood was warm and moist, yellow bile warm and dry, black bile cold and dry, and phlegm was cold and moist. These attributes were believed to form an equilibrium in the healthy body.[38]

Dois pontos são importantes aqui: a dicotomia quente/frio expressa uma cosmologia e um modelo de *equilíbrio*. Analisando a concepção pré-socrática de Heráclito, Ingham aponta ainda para outro significado: a oposição entre quente e frio (e entre seco e úmido) expressa uma relação de harmonia, de *reciprocidade*.

Nossas observações de campo não registraram as categorias seco e úmido, e é possível que elas não sejam tão comuns no Brasil, enquanto categorias explícitas, como frio e quente.

O contraste quente/frio expressa metaforicamente a maneira de pensar de uma cultura. Segundo Ingham, poderia expressar uma percepção do mundo concebido como um jogo de soma zero. Assim, entre os camponeses por ele estudados no México, o cabelo longo faz com que o corpo se torne magro. O cabelo longo consome a energia do corpo. O cabelo que cresce é naturalmente quente e o cabelo que cresce muito rapidamente torna-se cinzento, queimando a si mesmo (cinzas são frias). Ervas "frias" são utilizadas para inibir o crescimento do cabelo. É interessante registrar que entre camponeses de origem italiana do Sul existe a crença de que "faz mal cortar cabelo da criança antes de um ano de idade — adoece e morre".[39] Podemos especular que tal criança é um ser fraco e que o cabelo, se cortado, passará a crescer, absorvendo a força que seria necessária para o corpo da criança:

> In the believes concerning hair we see that taking, or absorption, is a hot process. It is therefore suggested that the balance of hot and cold may be a metaphorical expression of the value peasants give to reciprocity.[40]

---

[38] J. Ingham, "On mexican folk medicine", *American Anthropologist*, 72 (1970), p. 77.

[39] Thales de Azevedo, "Os italianos no Rio Grande do Sul", *Cadernos de Pesquisa*, p. 185.

[40] J. Ingham, *op. cit.*, p. 78.

Também as cores parecem ser quentes ou frias. A cor preta é considerada a mais quente de todas e é associada à feitiçaria, como é também a sexualidade exagerada e promíscua, pois o sexo é quente. Significativamente, se as feiticeiras são quentes, o mal que causam é frio. A mão esquerda — tão rica de simbolismo em inúmeras culturas — é quente.

George Foster[41] sugere que o sistema quente—frio é análogo ao sistema social que enfatiza uma distribuição de riqueza equilibrada. Assim, pessoas "exploradoras" (aquelas que tomam mais do que dão) são quentes e as que se deixam explorar são frias. Como veremos adiante, a mesma idéia pode ser expressa pela oposição forte/fraco.

Na cultura popular de boa parte do Brasil a oposição quente/frio cobre uma gama considerável de campos semânticos.

O corpo humano é concebido como composto de duas partes fundamentais: o corpo, em sentido estrito, "quente", e a cabeça, "fria". Ao mesmo tempo, o corpo é vermelho e a cabeça, ou melhor, o miolo é branco. O sangue vermelho é quente e o "sangue branco" (o leite) é frio.[42] Surge aqui um possível paradoxo, pois no Brasil o sêmen também é considerado "sangue branco", mas no México o sêmen é quente, como tudo relacionado à sexualidade.

Como mostra ainda Novión, os homens possuem dois órgãos básicos: o coração, que "governa o corpo", e o miolo, que "governa as idéias". O primeiro é vermelho e quente e o segundo branco e frio. Mas as mulheres possuem três órgãos: o coração, o útero e o miolo. Os dois primeiros são quentes e o último frio. Nas mulheres existiria, então, um "excesso" de quentura. Por isso, enquanto os homens seriam mais equilibrados, as mulheres seriam mais "emotivas", visto que em seu organismo haveria um desequilíbrio na direção do quente.

Os alimentos também são quentes ou frios. Provavelmente não é sem razão que a alimentação em boa parte do Brasil seja baseada no "feijão com arroz", pois enquanto o primeiro é quente (e forte) o segundo é frio (e fraco). Uma dieta equilibrada, favorável à manutenção da saúde — que é vista como estado de equilíbrio do organismo — deve combinar alimentos quentes com frios. A carne de gado (vermelha) é em geral pensada como quente, enquanto a carne de

---

41 Cf. o artigo "Disease etiologies in non-western medical systems", *American Anthropologist*, 78 (1976), pp. 773-782.

42 Ver Martin Alberto Novión, *Anátomo-fisiologia popular...*

frango ou de peixe (branca) é percebida como fria. Essas qualidades nada têm a ver com a temperatura.

As doenças também são quentes ou frias. Aquelas que produzem erupções, ou que "afetam o sangue", são quentes e aquelas que afetam o sistema respiratório são frias. Por isso, pessoas com doenças quentes devem comer alimentos frios e pessoas com doenças frias devem comer alimentos quentes. De fato, os alimentos são percebidos em sua relação com o organismo humano: comidas quentes são aquelas que "ofendem" quem está com o corpo quente (doenças quentes, mulheres menstruadas); comidas frias são as que "ofendem" quem está com o corpo frio (doenças frias). A relação entre alimentos e organismo é claramente uma relação de equilíbrio.

Entre os sitiantes, os alimentos são percebidos, de certa forma, como remédios. Assim, a carne de galinha, percebida como branca, é fria e fraca e, por isso, tal como o milho branco, ideal para mulheres grávidas ou menstruadas (quentes). Mulheres nessas condições ou em resguardo pós-parto não devem comer jerimum, percebido como vermelho e quente. Mas no hospital podem. As proibições são, então, circunstanciais. O hospital está como que fora do domínio ideológico tradicional; além disso, dizem, "no hospital é tudo branco" (paredes, teto, vestimentas de médicos e enfermeiras, roupa de cama, etc). É como se o ambiente geral do hospital neutralizasse a quentura da comida.

Nossa linguagem coloquial também utiliza a dicotomia quente/frio. O quente, com relação ao corpo humano, é associado ao sangue (vermelho). Quando uma pessoa se torna excessivamente irritada, diz-se que "o sangue lhe subiu à cabeça", isto é, o sangue quente invadiu uma área fria. É o mesmo que dizer que a pessoa ficou com "a cabeça quente". Significativamente, quando isso ocorre, a pessoa "perde a cabeça", isto é, perde o equilíbrio.

A casa e a rua se opõem no imaginário brasileiro de várias maneiras.[43] A rua é um domínio frio, do homem, que para nela vencer na vida deve agir de maneira fria, racional, equilibrada. A casa é um lugar que deve ser quente. Nela deve haver "calor humano"; a racionalidade fria deve ceder lugar à afetividade quente, e à mulher dona da casa compete imprimir tal "clima". Talvez por isso as concepções

[43] Cf. Roberto da Matta, *A casa e a rua*.

"machistas" tradicionais percebam o lugar adequado à mulher como sendo o "recesso do lar", lugar quente — aliás, o termo "lar" deriva do fogo sagrado dedicado aos deuses lares da antiga Roma.

Vale notar também que uma mulher de restrita sexualidade é percebida como fria, e a própria linguagem científica usa a expressão frigidez. Já vimos que no México a sexualidade é definida como quente, e o mesmo ocorre no Brasil — "pode vir quente que eu estou fervendo". Já vimos, também, como os próprios sitiantes fazem essa analogia. O homem com tal limitação não é definido como frio, mas como impotente, isto é, sem poder. Isto se liga, é claro, à noção de que o homem deve ser "ativo", à percepção da penetração como uma conquista (a mulher nunca penetrada é "invicta") e a uma representação do homem como exercendo poder sobre a mulher. Mas, como mostra Ingham, o poder é quente. A impotência, então, é também fria.

Ingham diz-nos ainda, a propósito das relações sociais, que

> within a tradition having its roots in preindustrial Mediterranean culture, hot implies consumption and cold implies giving. These qualities reflect the orientations of two social strata — the *strong* and the *weak* — and their mutual relationship. The effort to balance hot and cold is a symbolic attempt to secure an equitable social order, or more precisely, reciprocity and ideal social character (os grifos são nossos).[44]

Grifamos as expressões *strong* e *weak* porque tanto no México, como no Brasil, forte e fraco designam estratos sociais. O forte é percebido no México como quente e o fraco como frio (tomar e dar). As relações entre ambos devem idealmente se orientar para a reciprocidade. No caso dos sitiantes nordestinos, a relação entre os fortes e os fracos é uma história de contínuo desequilíbrio, quando se trata do conflito entre os proprietários e os sitiantes. No interior da camada camponesa também existem fortes e fracos, mas aí a relação é expressa numa linguagem de reciprocidade.

A relação entre quente e frio expressa, pois, uma troca equilibrada. As plantas devem cooperar entre si e não competir. A lógica do consorciamento não é apenas um procedimento técnico; o modelo cognitivo que a informa é também uma visão de mundo.

---

[44] J. Ingham, *op. cit.*, p. 85.

Se as plantas são quentes ou frias — o que pode variar segundo seu ciclo evolutivo — também o são os solos, e são essas qualidades que determinam o processo de trabalho. Como foi visto, o chão de roça é quente, enquanto a malhada é fria. Por isso, os solos do primeiro tipo não podem rèceber o unto, que é quente. A relação é análoga àquela entre o corpo humano e o alimento. O unto é o alimento do solo e um corpo quente não pode receber alimento igualmente quente, o que causaria doença, isto é, desequilíbrio (ou agravaria um já percebido estado de desequilíbrio, como a gravidez, por exemplo, freqüentemente assimilada a doença). Se a justaposição de duas plantas quentes "empata" a produção, o mesmo ocorre quando se acrescenta um adubo quente a um "corpo" — o solo — quente. Vale lembrar que o adubo é percebido como o alimento do solo, sua "vitamina".

Se esse modelo cognitivo expressa uma visão de mundo, juntamente com a percepção dos alimentos, dos remédios, do corpo humano, etc., não se justifica a distinção feita por Foster[45] entre etiologias "naturalistas" e "personalistas".

As etiologias personalistas explicariam a causa das doenças pela interferência de agentes ativos — divindades, espíritos, feitiçaria, etc. As etiologias naturalistas, pelo contrário, atribuem as causas a condições naturais — frio, calor, umidade, etc. Nelas, a saúde é vista nos termos de um modelo de equilíbrio: quando os humores, o yin e o yang, estão no equilíbrio apropriado à idade e à condição do indivíduo em seu meio natural e social, tem-se um estado de saúde.[46]

Os sistemas naturalistas seriam derivados de uma "grande tradição" (Grécia, Roma, Índia, China) e sua manifestação contemporânea faz-se pela "dicotomia quente/frio". O tratamento, como decorrência lógica, busca restabelecer o equilíbrio pela administração de alimentos, ervas, etc., quentes ou frios. Diz Foster ainda que

> personalistic medical etiologies are parts of more comprehensive, or general, explanatory systems, while naturalistic etiologies are largely restricted to illness. In other words, in personalistic systems *illness is but a special case in the explanation of all misfortunes.*
>
> (...)

---

[45] Cf. George Foster, "Disease etiologies in non-western medical systems", *American Anthropologist*, 78 (1976).

[46] *Id. ibid.*, p. 775.

> In contrast, naturalistic etiologies are restricted to disease as such (...) a humoral or a yin-yang imbalance which explains an illness is not invoked to explain crop failures, disputes over land, or kin quarreling (grifos no original).[47]

Horton[48] afirma que existe um "idioma personalista" em algumas culturas que abrange a totalidade da vida social. São as culturas com etiologias personalistas que explicam a doença por meio de categorias mais abrangentes. Foster distingue as culturas "personalistas" das "naturalistas", em que as etiologias são restritas à doença. No entanto, reconhece que nestas últimas existe um "idioma sistêmico" que dá conta de muito do que acontece no mundo, embora tal idioma não explique fracassos na agricultura.

Ora, nossa etnografia sugere que existe, sim, um "idioma" do quente–frio. Ele não explica fracassos na agricultura, mesmo porque nenhum sitiante justaporia plantas quentes a outras da mesma natureza. Mas ele explica a lógica do consorciamento e "fala" de muitas outras coisas. O idioma é sistêmico para mais além da relação saúde–doença — único campo, ao que parece, em que tal idioma foi sistematicamente analisado. "Empatar" a roça não é distinto de "empatar" a saúde. O modelo de equilíbrio está presente tanto no campo semântico da saúde quanto da lavoura — na verdade, um único campo semântico abrange tanto as práticas de saúde quanto as agrícolas.

O que nos parece é que existe uma grande matriz de categorias classificatórias, uma "etnociência" que ordena a percepção do corpo, dos solos, das plantas, dos alimentos (vegetais e animais) e possivelmente de outras coisas por meio da dicotomia quente/frio. Em outras palavras, a prática da lavoura é informada por um modelo cosmológico. Assim, a lavoura e o lavrador "estão no mundo".

Curiosamente, Ingham refere-se a Foster, dizendo que:

> He has adduced evidence that peasants in general (...) are inclined to view the world as if goods were limited to the extent that one man's loss implies another's gain. As a consequence of this world view, peasants value reciprocity and an even distribution of wealth. *Foster*

---

[47] *Id. ibid.*, p. 777

[48] Cf. o estudo "African traditional thought and western science", *Africa,* 37 (1967), pp. 155-187.

> *(...) interprets the attempt to balance hot and cold as an analogue of the importance given to economic equality* (os grifos são nossos).[49]

Se a "síndrome do quente–frio" estaria relacionada à famosa ideologia do "bem limitado" e ao valor da reciprocidade, então seguramente o idioma do quente–frio abrangeria mais do que estados de saúde ou doença.

Podemos retomar aqui a etnografia de Hoefle. Nela tanto surge o "quente–frio qualidade" como o "quente–frio térmico" (não muito claramente distinguidos), ainda que o autor pareça dar mais atenção ao segundo, possivelmente porque os próprios sertanejos o fazem. Assim, diz ele que "o grau de calor do alto varia durante o ano de acordo com as estações. Quando chove, as terras 'se resfriam' (...)".[50]

A seguinte observação de Hoefle é bastante interessante para a discussão do contexto mais geral da oposição quente/frio:

> (...) quando se trata de doença da lavoura, os contrastes de frio e quente servem de base nas explicações de caúsa (...). Irrigação com água excessiva ou no tempo frio, instável ou chuvoso torna a lavoura muito fria, abalando sua resistência ao ponto de ser facilmente atacada por fungos. É interessante notar que quando adotam novas práticas agrícolas, como o uso de fertilizantes e pesticidas, essas são assimiladas ao sistema popular de explicação de doenças. Pensam que estes produtos químicos causam o aquecimento das plantas e, assim, não devem ser aplicados nas horas mais quentes do dia porque as plantas podem "fermentar", isto é, podem sofrer de extremo aquecimento. Do mesmo modo, as plantações devem ser regadas de manhã cedo e não ao meio-dia. Se regadas a esta hora, a água fria, batendo nas plantas quentes, produz um choque de temperaturas e as plantas adoecem. Esses conceitos de estado térmico, por sua vez, fazem parte de um sistema mais generalizado de doenças e enfermidades, que inclui também homens e animais, e são muito difundidas na América Latina.[51]

---

[49] J. Ingham, "On mexican folk medicine", *American Anthropologist*, 72 (1970), p. 76.

[50] Scott Hoefle, *Percepção do ambiente e domesticação do espaço no sertão nordestino*, p. 25.

[51] *Id. ibid.*, p. 26. A esse propósito, conferir, igualmente, R. Currier, "The hot-cold syndrome and symbolic balance in mexican and spanish-american folk medicine", *Ethnology*, 5 (1966), pp. 251-263; G. Foster e B. Andersen, *Medical anthropology*, e J. Mc Cullough, "Human ecology, heat adaptations and belief systems", *Journal of Anthropological Research*, 29 (1973), pp. 32-36.

Há, portanto, uma associação explícita entre "estados de saúde" de plantas e de pessoas. Tanto umas como outras sofrem com o choque térmico. Não se enquadra nessa percepção, porém, a referência a produtos químicos que esquentam as plantas, embora não devam ser ministrados nas horas termicamente quentes. Parece haver uma conjugação entre o "quente-qualidade" e o "quente-temperatura". Não seria descabido supor uma analogia entre remédios "quentes" que não podem ser ministrados para doenças humanas "quentes" e remédios "quentes" para plantas. Hoefle privilegiou, inclusive em suas citações dos teóricos da "síndrome quente–frio", a dimensão térmica, mas sua etnografia reforça nossa interpretação de que o que está em jogo não é apenas o quente–frio térmico, mas também o quente–frio qualidade, nem simplesmente um conhecimento setorizado, mas uma cosmologia.

Ao descrever a lógica do consorciamento, enfatizamos o que chamamos *princípio da alternância*. Se este princípio expressa uma racionalidade econômica, voltada para a otimização do trabalho, ele pode ser visto também como uma "aplicação agronômica" de outro princípio mais abrangente, ordenador não só da roça, mas do mundo, o princípio do quente–frio.

Os sitiantes também utilizam, como já vimos, a oposição forte/fraco para conceituar relações: sitiantes (fracos) em face dos proprietários (fortes); terra de mato (forte) em face da terra de capoeira (fraca); tempo antigo (forte) em face do tempo atual (fraco); alimentos (fortes ou fracos) em face do corpo e trabalho; capim (forte) em face de plantas cultivadas (fracas); homem (forte)em face da mulher (fraca), etc.

Tanto o fogo como a chuva são fortes e de ambos depende a lavoura. É pelo fogo controlado pelo homem que se faz a passagem da terra "braba" para a terra "mansa". Por ser muito forte, o fogo deve ser rigorosamente controlado e por isso mesmo as relações sociais no momento da queimada devem ser "fortes", força essa dada pela solidariedade e pelo trabalho em conjunto.

A seca, como vimos, é também fogo, e os sitiantes percebem-na como a percebeu Luiz Gonzaga: "que braseiro, que fornalha". Mas a seca é o oposto do fogo produzido pelo homem, pois é a negação da chuva (forte) — o elemento água que, seguindo-se ao fogo, traz a fartura (forte).

Se para os sitiantes "tudo no mundo é quente ou frio", para os camponeses de Santa Terezinha, tudo no mundo é forte ou fraco. De fato, o mundo é um constante trânsito entre o estado de forte e o de fraco. Quente e forte, assim como frio e fraco, guardam analogias entre si. O quente se expande, toma o espaço do outro que cede. Há portanto um forte que toma e um fraco que dá, entre as plantas como no mundo em geral.

Como mostra Almeida, a concepção do mundo daqueles posseiros está assentada na oposição forte/fraco: "Essas categorias dão corpo e forma a todo o seu sistema de pensamento, permeando a percepção e a compreensão de todas as coisas existentes (...)"[52]

Para eles, a imagem do mundo é a Lua, "espelho do mundo": tudo é do "planejo da Lua":

> A Lua transmite essa força que reverte para a Terra, força esta que age ativamente sobre as coisas. Assim, uma criança nascida durante a crescente será forte; nascida na cheia será muito forte; durante a minguante será fraca e na nova muito fraca (...). O cabelo igualmente sofre a influência da Lua. Se for cortado durante a crescente, bem perto da cheia, nascerá forte: duro e com rápido crescimento. Se for cortado logo depois da cheia (...) será fraco, macio e com crescimento lento".[53]

Não são só as plantas, pois, que devem ser cultivadas segundo a Lua, mas também as pessoas. De fato, o modelo fraco–forte dá conta de tudo no mundo.

> Este sistema, num primeiro momento, pode ser visto como aparentemente contraditório: como podem-se misturar num mesmo sistema a saúde e a doença, o verão normal e a seca, a festa e a briga? Como pode o gado ocupar [duas posições] distintas, sendo forte e fraco? No meu entender, o sistema é perfeitamente lógico e pode ser entendido a partir de uma análise profunda dos dois pontos que regem esse sistema: 1) o movimento dos elementos dentro do sistema, a partir do ganho ou da perda de sua força; 2) a influência que eles exercem no mundo a partir da movimentação dessa força.[54]

Tudo *está* forte ou fraco; nada é estático. O pobre é fraco e o rico é forte, pois o rico tem muita terra porque a tomou do pobre. O rico adquiriu força tomando a terra do pobre e este, em conseqüência, se tornou

---

[52] Roberto Almeida, *O saber camponês*, p. 13.
[53] *Id. ibid.*, p. 16.
[54] *Id. ibid.*, p. 18.

fraco. O tempo antigo, da posse pelo trabalho, o "tempo da palavra", era um tempo forte. O tempo em que a terra é tornada mercadoria, pelo efeito de forças que operam *de fora* para *dentro*, é um tempo fraco.

A lógica é a mesma daquela dos alimentos para o corpo e dos alimentos para a terra: o milho torna-se forte porque retirou a "vitamina" (força) do solo, que, em consequência, se tornou fraco. É a mesma também que regula a dinâmica própria de uma mesma planta: o arroz fez-se fraco porque, embora tenha retirado força da terra, perdeu-a para a palha, que se fez forte. A terra "de primeira" se fortaleceu retirando a "vitamina" depositada por plantas e animais. A terra "de segunda" está ou em processo de fortalecimento, não tendo ainda retirado "vitamina" suficiente, ou de enfraquecimento, perdendo força para outros elementos do meio ambiente, como o homem, o fogo, as plantas, etc. Já a "terra de terceira" é fraca porque perdeu toda a sua "vitamina", transferida para outros organismos que assim se tornaram fortes. A dicotomia forte/fraco sempre expressa, pois, uma relação.

> (...) não existe nada forte ou fraco por si mesmo. A posição de cada elemento provém de sua capacidade de ganhar ou perder força (...) retirada de outro elemento: o rico ganha força retirando a terra do pobre; o milho fica forte ao retirar a vitamina da terra que fica fraca; o arroz fica fraco ao perder a vitamina para a palha que fica forte; a terra pode ficar forte ao ganhar a vitamina da vida sobre a terra (...). Temos assim uma seqüência onde ocorre (...) a transmissão de força de um corpo para outro.[55]

Essa relação, para Almeida, corresponde a um mundo que forma como que um sistema fechado, onde tudo é visto, segundo ele, nos termos de uma "imagem do bem limitado".[56] Não é difícil perceber nesta visão de mundo uma analogia com o modelo do quente–frio, tal como interpretado por Ingham, ou pelo menos uma analogia entre as interpretações deste último e de Almeida.

Entre a terra e o homem há também um processo de transmissão de força, mediado pela categoria "vitamina". Esta é "aquilo que dá firmeza ao corpo"; é a "sustança", retirada da terra pela planta, que, como alimento, irá repassá-la ao homem.

---

[55] *Id. ibid.*, p. 19.

[56] Cf. George Foster, "Peasant society and image of limited good", *American Anthropologist*, 67 (1965), pp. 293-315.

Na percepção daqueles posseiros também a seca, destruidora, é forte:

> Ela "estraga o cristão e a criação", chegando no seu auge a matar tudo. A seca é vista como forte, força essa que ela retira da chuva, igualmente um elemento forte, que, ao ceder sua força, se enfraquece e perde assim sua capacidade de contribuir para a manutenção da vida humana (...). A seca, munida dessa força, transfere-a para a terra e a faz queimar, provocando assim a morte de tudo. A seca (...) possui muita força, pois desviou para si a energia que iria beneficiar o homem. Assim, a seca é um elemento que nega a existência humana, pois a impede de receber força.[57]

Então, se a seca é castigo de Deus aos homens que infringiram o ordenamento moral por Ele determinado, ela é também parte da natureza por Ele ordenada.

Se tais modelos constituem uma cosmologia, "o homem é apenas um elemento no sistema de pensamento". Sua vida depende de extrair força da natureza, mas sua relação com esta é igual àquela que mantém entre si os próprios elementos da natureza. Se tal relação é de reciprocidade e equilíbrio, o homem seria, parafraseando Mauss, "um pouco natureza".[58]

---

[57] Roberto Almeida, *op. cit.*, p. 24.

[58] Seriam as plantas e animais também um pouco "pessoas"? Comentamos, certa vez, que tínhamos em nossa casa um abacateiro extremamente produtivo e que sua produção era muito superior à nossa capacidade de consumo. Perguntaram se dávamos abacates para outros, ao que retrucamos: "É claro que sim; não vamos deixar as frutas apodrecerem, se há tanta gente sem comida", explicando que as distribuíamos para pessoas de uma "invasão" próxima. Nosso interlocutor, sitiante, disse então: "É por isso que ele [o abacateiro] sempre dá". "Como assim?", perguntamos, e ele respondeu: "É que ele sabe que vai matar a fome da pobreza que precisa; é por isso que ele é feliz".
Em contrapartida, tínhamos também uma mangueira e esta, apesar de adubada e regada, se negava a produzir mangas. "É preguiçosa", diziam os sitiantes, "precisa apanhar para tomar vergonha". E recomendaram que lhe aplicássemos uma "surra de pau". A mangueira tinha, pois, um mau caráter. Essa percepção parece análoga a de camponeses teuto-brasileiros do Sul. Entre eles existe a categoria *Keim*, referida a qualidades morais. *Keim* é algo que "está no sangue" e pode existir um *Keim* bom como um *Keim* ruim, não só de pessoas mas também de animais e plantas. Uma macieira em terra boa e bem irrigada que, contudo, não frutifica — como nossa mangueira — tem um *Keim* ruim; uma vaca de boa origem genética e bem alimentada mas que não dá leite em quantidade razoável também tem *Keim* ruim.

Forte e fraco, quente e frio-são discursos que conduzem ao princípio do equilíbrio, buscando trazer para um mesmo campo semântico domínios diversos (plantas, corpos, solos, pessoas, etc). Organizando a roça, organizam o equilíbrio no espaço. Percebendo um movimento cíclico, estabelecem o equilíbrio no tempo, à medida que se passa do fraco para o forte, para o fraco, para o forte...

Se há um trânsito entre os estados de forte e fraco, vimos que existem plantas que transitam do frio para o quente, mas não voltam a ser frias. Contudo, a longo prazo, voltam. As plantas morrem após a colheita. Mas, por suas sementes, voltam a viver, inicialmente frias e depois quentes. Há, pois, um ciclo nos cultivos temporários. E nas plantas permanentes? Árvores frutíferas são frias até frutificarem, quando se tornam quentes, para depois voltarem a ser frias.

O modelo não é inteiramente coerente, pois há plantas que são sempre frias ou quentes, mas nem por isso desaparece o princípio do equilíbrio, deslocado do tempo para o espaço. O corpo humano tampouco transita do frio para o quente, mas se divide numa parte fria (cabeça) e em outra quente (corpo) que não se podem contaminar reciprocamente. Mulheres transitam entre o menos quente e o mais quente (menstruadas, grávidas) para retornarem ao menos quente.

O modelo do forte–fraco também lida com a história e ao fazê-lo tem sua própria historicidade. Soares[59] mostra-nos que camponeses do sertão da Bahia organizam conceitualmente o tempo e o espaço por meio dessa oposição, articulada a outra, à qual já nos referimos: "de dentro/de fora".[60] Como mostra essa autora, o tempo histórico é por eles percebido como um processo irreversível, de forte para fraco. Almeida[61] critica tal interpretação, contrapondo-lhe um tempo cíclico, com base na percepção da história dos posseiros de Santa Terezinha.

---

[59] Cf. *O forte e o fraco; o dentro e o fora* (dissertação de graduação).

[60] Carlos Rodrigues Brandão (1986) encontrou entre camponeses do Alto Paraíba (São Paulo) uma associação muito significativa entre a categoria trabalho e a classificação de pessoas "do lugar" e "de fora". Aqueles são os que estão "dentro do trabalho", estes são os "de fora" do trabalho. A oposição entre dentro e fora também organiza o espaço físico entre pescadores e, ao fazê-lo, organiza o espaço de gênero (cf. também Simone Dantas Carneiro, 1979; Ellen F. Woortmann, 1991; Marshall Sahlins, 1979). Ela é, ainda, característica da aldeia camponesa européia (Henry Mendras, 1978) que se defende, ambiguamente, do mundo exterior.

[61] Ver Roberto Almeida, *O saber camponês* (dissertação de graduação).

Ocorre, porém, que a história dos dois grupos é distinta. Enquanto aqueles sertanejos baianos se enfraquecem continuamente, seja pela dinâmica interna do grupo, seja pelas pressões que vêm de fora, os posseiros descreveram em sua trajetória histórica um movimento cíclico. Num primeiro momento, tornando-se fracos no Nordeste (pela seca, pela invasão do gado, pela escassez de terras), migram para o Maranhão, onde novamente se tornam fortes. Pela pressão dos latifúndios voltam a se tornar fracos e saem em busca de nova fronteira, chegando a Santa Terezinha, onde se tornam fortes outra vez. Aí, contudo, são novamente vítimas da expropriação para, finalmente, em decorrência da resistência apoiada pela Igreja Católica, voltarem a ser fortes.

É um processo cíclico de encontro e fuga em face da "besta-fera" de que fala Velho,[62] em busca da "bandeira verde". A percepção do mundo daqueles posseiros pode ser uma visão de mundo de fronteira, ou de frente de expansão, embora paradoxalmente inclua uma percepção do mundo que Almeida[63] associa à imagem do "bem limitado".

Se Pierre Bourdieu[64] contrasta um tempo cíclico a um tempo histórico, entre camponeses argelinos, associando o primeiro a uma forma de "reprodução simples", poder-se-ia dizer que, no caso dos posseiros, o tempo histórico é um tempo cíclico. E é um tempo radicalmente distinto daqueles dos camponeses estudados por Soares, percebido como irreversível, embora sua economia seja também de "reprodução simples".

Isto parece sugerir que o modelo "cosmológico" tem significados históricos. O modelo geral tem conteúdos específicos a partir da experiência, da prática de cada grupo. No entanto, enquanto modelo, ele não deixa de ser geral.[65]

---

62 Cf. Octávio Velho, "O cativeiro da besta-fera", em *Religião e Sociedade,* 14 (1987), pp. 4-27.

63 Cf. Roberto Almeida, *op. cit.*

64 Ver a obra *Le sens pratique*.

65 Essa mesma percepção cíclica também é sugerida em *Festas, política e modernidade no sertão*, etnografia de Christine Chaves relativamente à política em uma cidade do sertão de Minas Gerais. O tempo histórico é organizado na percepção daquela população pelas categorias "do lugar" e "de fora", em tudo semelhantes à oposição dentro/fora. A oscilação entre estar forte e estar fraco parece intimamente associada à dicotomia "do lugar"/"de fora". O lugar se torna forte com a entrada de grupos "de

É possível que a oposição forte/fraco seja uma linguagem que num lugar fale daquilo que, noutro lugar, seja dito pela oposição quente/frio. Ao contrário do que foi amplamente observado nos estudos relativos às concepções de saúde e doença e dos alimentos em suas relações com o corpo, não encontramos um entrecruzamento, no que se refere às plantas e seu cultivo, entre os dois pares de oposição. Eles não formam, assim, uma "grade conceitual". Mas é evidente que cada um, à sua maneira, busca dar conta do mundo, de suas "leis gerais", inserindo a prática da lavoura nesse mundo.

A percepção específica de cada planta pode variar. Em alguns lugares determinada planta é considerada quente, enquanto em outro lugar é considerada fria, ou vice-versa, tal como foi também observado pela comparação de vários estudos monográficos de percepção da comida. Não obstante, o modelo permanece o mesmo. Entre os sitiantes as estratégias de consorciamento variam, mas os princípios que as informam permanecem constantes, e é essa constância que torna possível a transmissão do saber, tornando-o um idioma, idioma esse que não fala apenas de plantas.

Seria o modelo baseado nas oposições forte/fraco e quente/frio uma expressão da "imagem do bem limitado"? Os sitiantes tiveram seu ponto de partida histórico nas terras libertas, ilimitadas até se tornarem "cativas"; os camponeses de Santa Terezinha percorreram uma trajetória sempre em busca dessas mesmas terras libertas, em diferentes frentes de expansão. Uma situação muito distinta, pois, daquela dos camponeses indígenas a partir dos quais Foster construiu seu modelo. Seria melhor, a nosso ver, interpretar a percepção do mundo fundada naquelas oposições como um modelo de equilíbrio, que não elimina o crescimento, mas o percebe num plano moral: crescimento equilibrado.

Não é o crescimento que é negado; é o lucro de um à custa de outro. Se a relação forte–fraco, em que um elemento retira força do outro (a planta da terra; o homem da planta), se aproxima da idéia de um jogo de soma zero, esta poderia ser a metáfora matemática da reciprocidade. A relação torna-se perversa quando os "grandes", retiram a

---

fora"; estes, com o tempo, se tornam "do lugar", e o lugar volta a ficar fraco, até que novo grupo "de fora" entre, para se tornar "do lugar", e assim por diante, num processo cíclico que se repete. O imaginário da fronteira pode ser também, talvez, o do "sertão", no dizer da autora, sempre "ressurgente".

força dos "pequenos", quando os "homens" trazem para o "povo" o cativeiro ou obrigam-no a procurar nova frente de expansão.

Se os sitiantes são "aristotélicos", Aristóteles nunca condenou o crescimento da riqueza. Pelo contrário, ele a recomendava, mas pelos meios em conformidade com a natureza e não pelo lucro contrário a ela.

O mundo não é inerentemente limitado; ele foi fechado para os camponeses. Contraditoriamente, como percebem os sitiantes, foi fechado por eles mesmos. O processo de trabalho que conduzia à liberdade passou a construir a perspectiva do cativeiro, quando os próprios *roceiros*, que são também sitiantes fracos, transformam as "soltas" em terra de gado.

Não ouvimos referências à "besta-fera". Talvez ela apareça explicitamente quando se realiza o movimento "antimessiânico" para a frente de expansão, também uma "crise reveladora". Mas ouvimos referências à "lei do cão", o trabalho que fechava a terra com o capim. Era o mal trazido pela ambição, um mal que vinha de fora. Contudo, poderíamos especular — e apenas especular — se esse mal é apenas externo, impondo um cativeiro, uma sujeição de fora para dentro, ou se existe um Mal imanente. Se o trabalho que fecha a terra com o capim é uma imposição, única alternativa para quem não tem terra, quem o faz não deixou de ser "cativado", para seguirmos a sugestão de Velho.[66]

Falando do trabalho, falavam, como vimos, de muitas coisas, entre elas do castigo. Um castigo cotidiano ao qual se acresce o castigo da seca, quando Deus nega a bênção da chuva. Falando do trabalho, diziam também que eles mesmos, na falta de alternativas, trabalhavam para fechar a terra — tornando o bem cada vez mais limitado. Estariam dizendo que o trabalho para o Bem, uma vez posto sob a lei do cão, se tornava trabalho para o Mal? O homem não é irremediavelmente mau, merecendo o castigo da seca?

A maneira de o camponês perceber o mundo, as relações sociais e a hierarquia nem sempre é compreendida pelos agentes externos a essa cultura, os quais procuram estender suas boas intenções ao campesinato.

Camponeses têm uma percepção cristã do trabalho e da terra, como vimos. Cristã é também a motivação de certos agentes que querem fazer o bem, como é o caso das chamadas "roças comunitárias":

---

[66] Cf. Octávio Velho, *op. cit.*

> As *roças comunitárias* têm sido uma das formas de ação coletiva adotadas pelos setores da Igreja ligados à Pastoral rural, no sentido de fortalecer a capacidade de resistência dos trabalhadores rurais em face da situação de miséria, exploração e das ameaças de expulsão que os atingem.
>
> Solidariedade, igualdade e união formam o tripé de valores político-cristãos sobre o qual se baseiam esses projetos de ação coletiva (grifos da autora).[67]

Mas, como mostra a autora, examinando vários casos em diferentes partes do país, as boas intenções em geral fracassaram. A ideologia daqueles agentes enfatizava a posse coletiva da terra, que deveria levar à paulatina abolição do conceito de propriedade privada, e o trabalho coletivo com a distribuição comunal do produto. Parece haver nessa construção ideológica uma incompreensão da lógica simbólica do mutirão, confundido com trabalho coletivo, assim como da idéia de "terra de Deus", confundindo a noção de *dono* com a noção individualista de *proprietário*. Sobretudo, a incompreensão de que, para camponeses, liberdade e reciprocidade *não* se contrapõem à hierarquia, componente central do "modo de produção doméstico" camponês.

Como mostra Neide Esterci, a "roça comunitária" representa uma violência contra a lógica camponesa. Paradoxalmente, como também em outros casos,[68] as boas intenções, que deveriam conduzir à liberdade, conduziam ao que era visto pelos camponeses como um novo cativeiro. Novamente, "cativados"?

Significativamente, o trabalho "comum" foi redefinido como trabalho "alugado", e o padre como dono da terra e patrão. Como diz Esterci, "isto não acontece com relação ao pai, quando se realiza o trabalho na unidade familiar".[69]

As roças comunitárias e o trabalho coletivo contrapunham-se à roça familiar, provavelmente pela incompreensão do significado de haver um *pai de família* e da hierarquia do próprio processo de trabalho.

O cristianismo camponês não é necessariamente o daquele setor da Igreja Católica.

---

[67] Neide Esterci, "Roças comunitárias: projetos de transformação e formas de luta", em N. Esterci (org.), *Cooperativismo e coletivização no campo*, p. 34.

[68] Ver, a propósito, de Klaas Woortmann, "Com parente não se neguceia", *Anuário Antropológico '87* (1990), pp. 11-73.

[69] Neide Esterci, *op. cit.*, p. 39.

É interessante observar que em vários "movimentos messiânicos" ou milenaristas camponeses, a abolição da hierarquia familiar e a adoção do coletivismo são bem-sucedidos — enquanto durar o movimento. Mas estes são casos de inversão da ordem, momentos de *communitas*, antiestruturas. Cristãos também, mas antecipadores do fim dos tempos.

Outro caso, não só de incompreensão, mas de rejeição da cultura camponesa é dado pela ação de extensão rural. O processo de trabalho camponês faz-se, como vimos, sobre um saber e este é mais que uma "tecnologia". É um modelo de ordenamento do mundo que também ordena as pessoas. Põe ordem e dá ordem. O processo de trabalho, além de produzir alimentos, produz relações sociais e reproduz, a cada "ciclo anual de atividades agrícolas", hierarquias. A maneira de trabalhar é um modo de produzir pessoas.

Na época de nosso trabalho de campo, o saber camponês e sua maneira de trabalhar vinham sendo alvos de ataques por parte de agentes de uma "modernização" tecnológica. Durante nossa estada em Sergipe, vimos como técnicos da Emater sistematicamente acusavam os sitiantes de não possuírem "tecnologia" — concebida como o conhecimento e o processo produtivo derivado da ciência moderna — e tentavam impor novos conhecimentos aprendidos nas escolas agrícolas.[70] Não atentavam para o fato de que os sitiantes, durante mais de um século, vinham combinando a lavoura com o criatório de gado, segundo estratégias por eles elaboradas ao longo de sua experiência social — a experiência do grupo como um todo, transmitida de uma geração à seguinte — e segundo experiências individuais, eventualmente transformadas de idiossincrasias em saber coletivo.

O saber-fazer camponês não é estático. Através de gerações, ele acumula experiência e pode, em certos momentos, retomar técnicas

[70] O ensino nas escolas para técnicos agrícolas parece conduzir o estudante no sentido da deslegitimação do saber camponês, colocando-o a serviço de uma "cultura agronômica" moderna e, em última análise, da acumulação capitalista. É o que mostra Hugo Rattier no estudo "De campesinos a tecnicos agricolas: conformación de uma categoria professional en el Nordeste de Brasil". Nessas escolas há uma desvalorização do trabalho braçal e uma supervalorização das disciplinas teóricas, operando uma separação entre o *fazer* e o *saber*. No mundo camponês o saber está intrinsecamente ligado ao fazer e é um saber socializado; na percepção estimulada pela ideologia subjacente a esse ensino técnico, o saber agronômico é monopolizado. O mais interessante é que a maior parte dos alunos é recrutada entre filhos de pequenos produtores, que aprendem assim a deslegitimar seus pais.

desenvolvidas no passado, deixadas como que "entre parênteses" na memória do grupo, como no caso da malhada, só reempregada quando se tornou necessário passar da lavoura extensiva para a intensiva. Ao mesmo tempo que resgatam o passado, introduzem inovações, como fertilizantes, sementes, variedades de plantas e produtos.

Lazcano e Scharrer Tamm, referindo-se a camponeses mexicanos, dizem que:

> En términos generales, la producción en estas unidades [campesinas] se llevaba a cabo con escasos recursos: poca tierra (...) alguna semilla de la cosecha anterior, instrumentos sencillos, nada de crédito, yunta propria, *muchos conocimientos empíricos acumulados a través de los años*, rústicas técnicas de irrigación (...) en ocasiones uso de abono y mucha mano de obra familiar.
>
> (...)
>
> La tecnología desarollada por los campesinos se derivaba de un *processo de experimentación efectuado a través de varios siglos.* No era una tecnología científica, sino el resultado de los conocimientos heredados de épocas anteriores (...). Para la gran mayoría de la población, poseedora de una parcela y de un conocimiento agrícola, pero carente de otros recursos, la tecnología campesina representaba la única alternativa de obtener de la tierra sus medios de vida (os grifos são nossos).[71]

Se os autores acima citados reconhecem a existência de um conhecimento camponês e de um processo de experimentação secular, contrastam esse conhecimento com a "tecnologia científica": seriam conhecimentos apenas herdados de gerações anteriores, o que parece implicar certa passividade, fruto de uma rotina. Por outro lado, limitam a noção de conhecimento a de tecnologia.

Nosso ponto de vista é o de que há mais do que tecnologia envolvido no processo de trabalho agrícola.

Os extensionistas negavam até mesmo a existência de uma tecnologia. Acusavam o homem de "não saber trabalhar". Acusavam a mulher de não saber preparar os alimentos de maneira conveniente e de ser "suja", por desconhecer princípios de higiene. Não é nossa intenção desmerecer novas tecnologias nem negar a validade das noções de

---

[71] C. Lazcano e B. Scharrer Tamm, "La agricultura en el siglo XIX", em T. Rojas Rabiela (org.), *La agricultura en tierras mexicanas desde sus orígenes hasta nuestros días*, pp. 239-240.

higiene mais modernas. Nós mesmos tivemos problemas de "ajustamento cultural" às noções de *asseio* vigentes na região, bem distintas das nossas. Era difícil comer numa pensão onde a cozinheira, tísica, constantemente tossia sobre a comida que preparava. Talvez fossem apenas *frills* nossos, mas não comíamos nada cru, só cozido — uma oposição que ganhou para nós um sentido antes insuspeitado.

Contudo, ao acusar homens e mulheres, num exercício de autovalorização, os extensionistas — e por meio deles todo o sistema de modernização agrícola — minavam as bases da organização familiar. Atacar o processo de trabalho tal como realizado era atacar o saber que constitui o sitiante. A transmissão desse saber tem como agentes o pai de família e a mãe, e como objeto os filhos "aprendizes".

Transmitir o saber é tão central para a condição de pai como transmitir a terra. Transmitir o saber é também transmissão de valores, construção de papéis sociais e hierarquia. O esforço de introduzir "pacotes tecnológicos" implica negar o conhecimento do sitiante e a própria categoria "pai de família". Se o saber do pai é negado, o filho deverá aprender com um técnico, freqüentemente de seu próprio grupo de idade — com um *rapaz*. Saber e idade, como vimos, são estreitamente inter-relacionados, num padrão de senioridade.

Acusar a mulher, que no espaço da casa realiza outro processo de trabalho, era deslegitimar a dona-de-casa, a mãe, que o é socialmente por ser também detentora de um saber específico, no campo da alimentação e da saúde. Ser mãe é também transmitir um saber socialmente legítimo.

Não por acaso, a relação entre sitiantes e extensionistas podia ser vista como um processo de acusações recíprocas, já que os sitiantes percebiam o programa de intervenção como "a dominação". Antes eram subordinados por meio de seu processo de trabalho, pois o arrendamento que se seguiu ao livre uso das terras soltas utilizava o trabalho tradicional e o saber camponês. A "dominação" é a interferência sobre o processo de trabalho — justamente aquilo que, não obstante dois séculos de subordinação econômica, política e social, permaneceu autônomo.

Com a dinâmica do arrendamento, a *terra de trabalho* ia sendo inexoravelmente tornada *terra de gado*. Foi pelo próprio processo de trabalho camponês que "o capim tomou conta de tudo". O saber camponês teve seu sentido sociológico transformado. Agora é o próprio saber que é deslegitimado. Primeiro expropriou-se a terra; agora se tenta expropriar as idéias. Deslegitimando a prática da agricultura, deslegitima-se toda uma visão de mundo, pois não se trata apenas de "conhecimento agrícola", mas de uma ordenação bem mais ampla.

As ações da extensão rural e os textos que distribui podem ser vistos como uma espécie de "discurso colonial" que desvaloriza o "colonizado". É um discurso — não menos sistêmico que a visão da natureza dos sitiantes — que parte de uma percepção negativa do "produtor de baixa renda", definido pelo que não é: não é alfabetizado, não usa técnicas modernas ("não tem tecnologia"), não tem hábitos de higiene, não sabe usar os serviços bancários, etc.

É um discurso que se funda no pressuposto do "vazio cultural" a ser preenchido pelos novos "heróis civilizadores". Insiste em dizer que os sitiantes "não são como nós", mas ao mesmo tempo nega sua alteridade. Desde que se propõe a introduzir mudanças, declara ilegítimo o saber tradicional e as estratégias dos sitiantes, numa espécie de atitude missionária, ao mesmo tempo em que se revela incapaz de entender suas estratégias. Assim, condenava-se o plantio de pastagens no sítio, sem se compreender o sentido dessas pastagens. Paradoxalmente, estimulavam-se os sitiantes a utilizar o arado, que supõe uma junta de bois e, portanto, pastagens. Pretendia-se definir o mesmo destino para todos os sitiantes, quando existem projetos de vida diferentes.

É um discurso que lembra as teorias que percebiam camponeses como "obstáculos à mudança", isto é, à modernização. Vítimas da mudança por mais de um século, são agora declarados culpados.

O campesinato pode ser visto como um "modo de produção subordinado". Mas isto não impede que seja portador de cultura e, com ela, de um saber autônomo. Não queremos dizer com isto que tal saber seja autóctone — nenhuma cultura o é; todas são o resultado de sincretismos. O que queremos dizer é que tal saber constitui um modelo integrado de apreensão do mundo, com relativa coerência interna; um *know-how* cujos pressupostos são dominados cognitivamente pelo camponês, ao contrário das premissas do "pacote tecnológico" originado da ciência ocidental, onde o saber é compartimentado e cujas premissas estão fora do domínio cognitivo do sitiante.

O saber camponês é tanto uma "etnociência" quanto o é o dos povos indígenas, tão estudados. Se o modo de produção é subordinado, o saber não o é, necessariamente. O objetivo da extensão rural é subordinar o conhecimento "técnico", completando, de forma plena, a subsunção ao capital.

Esse saber é também uma ética que se expressa na relação com a terra, em que esta é um parceiro de trocas, e a própria relação por eles percebida entre as plantas expressam o princípio do contrato, central em sua visão de mundo.

Devemos, contudo, lembrar que os valores expressos pelos sitiantes não são imutáveis. Como diz Mendras,[72] se a cidade faz o cidadão, a coletividade camponesa faz o camponês e não existe qualquer essencialidade no indivíduo camponês. Se a coletividade se transforma, ao longo da História, transforma-se também o camponês.

Para a maioria dos sitiantes, negócio é roubo. Como dizem os próprios camponeses-negociantes estudados por Garcia Jr.,[73] "todo negociante é ladrão". Alguns, porém, se tornam negociantes de "tempo integral", deixando a lavoura, como que num processo de "descolamento" dos valores camponeses.

Alguns sitiantes utilizam o trabalho assalariado, enquanto outros se assalariam. Nem por isso uns são "capitalistas" e outros, "proletários". Em muitos casos, o uso de assalariados destina-se a diminuir a penosidade do trabalho da família.

A concepção bíblica do trabalho não significa que os sitiantes sejam masoquistas: se fossem, não teriam substituído o *rodete* manual das casas de farinha pelo motor a gasolina. Outros combinam lavoura com negócio e não se tornam "capitalistas" tampouco. Havia sitiantes que se dedicavam ao negócio para comprar terra e transmiti-la aos filhos. Suspendiam momentaneamente a tradição, para poder restaurá-la num momento posterior.

Os sitiantes não rejeitam a possibilidade de adquirir mais terra, pelo contrário. Um deles, que começou como arrendatário, era, ao tempo de nossa pesquisa, dono de cerca de sessenta hectares e se dedicava à pequena pecuária. Continuava se considerando um sitiante, mas seu discurso revelava uma interessante mudança. Quando se referia a seu passado, o discurso era igual ao dos *roceiros* com que conversamos, e colocava o *proprietário* como vilão. Quando se referia ao presente, ao tempo em que ele próprio utilizava o trabalho de arrendatários, estes passavam a ser vilões: preguiçosos, não cuidavam de que o capim ficasse bem "situado". Os pontos de vista mudam,

---

[72] Cf. Henry Mendras, *Sociedades camponesas*.

[73] Ver Afrânio Garcia Jr., *Sul: caminho do roçado*.

pois, com a posição de quem olha e dependem da direção do olhar. Mas ele continuava a se pensar um sitiante e, de fato, insistia em fazer lavoura de uma ou duas tarefas para ter o seu próprio "de comer". Era impensável adquirir na feira os mantimentos que se tornariam *comida*.

O esforço no sentido de uma autarcia relativa, expresso no princípio da "internalização dos supostos da produção", não elimina as relações com o mercado, mesmo porque, por definição, o camponês produz para o mercado, embora não exclusiva nem principalmente. A relação com o mercado é ambígua. Minimiza-se a aquisição de insumos e mesmo de alimentos. Contudo, vender a produção e, sobretudo, decidir quando e como vender é um dos componentes da condição de liberto do sitiante, como também observou Garcia Jr.,[74] com relação a camponeses da Paraíba. Relacionar-se com a praça de mercado, a feira, não significa subordinar-se plenamente à lógica da mercadoria: a comida deve ser produzida no interior da família que a consome; a terra, se é mercadoria no plano mais amplo da sociedade, é patrimônio para o sitiante. Não se produz para o mercado, mas para a família, mesmo que parte da produção seja vendida na feira.

Se o sitiante vende sua produção no mercado, essa produção não é dominada pelo princípio da mercadoria. Como mostrou a etnografia do espaço da roça, a produção nesse espaço também atende a necessidades simbólicas e a necessidades de consumo específicas dos membros da família. Por outro lado, a terra não é "corrigida" para se ajustar ao mercado. Pelo contrário, o uso da terra é uma negociação entre o que a família precisa — e as necessidades da família também passam pelo mercado — e o que terra pode dar. Como dissemos, é aí que reside a sabedoria do saber camponês.

Não queremos congelar os sitiantes numa espécie de tempo mítico. Valores, ideologias e modelos de saber têm sua historicidade, e as pessoas concretas, portadoras desses valores, movem-se na História, como já foi ressaltado em trabalho anterior.[75] Se numa cultura camponesa a terra é *traditio*, patrimônio a ser transmitido, a crise dos colonos do Sul, tal como examinada por E. Woortmann, assim como da *maison*

---

[74] Cf. Afrânio Garcia Jr, *op. cit.*

[75] Cf. Klaas Woortmann, "Com parente não se neguceia".

camponesa da França observada por Bourdieu, ou dos camponeses estudados por Soares Cardel, está na recusa do herdeiro em herdar o patrimônio familiar.[76] Se o *habitus* se transforma, mudam os valores.

Valores e ideologias têm também seus usos sociais. Se percebemos o campesinato como uma "ordem moral" que se contrapõe a uma "ordem econômica", queremos dizer que a "ordem econômica" é um perigo para a própria sobrevivência do campesinato enquanto tal, e a "ordem moral" é como que uma cápsula protetora. Essa cápsula protetora reside na coletividade, o sítio como território, onde a endogamia lembra o espírito de autarcia da aldeia camponesa européia de que fala Mendras.[77] Não há, contudo, nada de imutável nisso.

O modelo cognitivo quente–frio e forte–fraco, que condensa uma cosmovisão, tem existência milenar. Não se deduz daí que continuará tendo. As mudanças na sociedade global em que se movem os sitiantes podem impor outros modelos. O que quisemos destacar neste trabalho é tão-somente que os sitiantes possuem valores e modelos de saber que conformam e são parte de uma visão de mundo, de uma "campesinidade", e que o processo de trabalho põe a trabalhar essa visão de mundo.

Devemos lembrar, finalmente, que tratamos aqui de um campesinato que possui uma história própria, como todos os campesinatos. Essa história difere daquela de outras formas camponesas, inclusive no próprio Nordeste. Os sitiantes tiveram seu ponto de partida, retido na memória, nas terras soltas, terras libertas de "heréus em comum", no regime de *pro-indivizo*. É uma origem diametralmente oposta à daqueles que surgiram a partir da condição de "moradores de sujeição" em *plantations*, noutras partes da região nordestina.

---

[76] A esse respeito, cf. Ellen F. Woortmann, *Colonos e sitiantes* (tese de doutorado), Pierri Bourdieu, *Le sens pratique,* e Lídia Maria Soares Cardel, *Os olhos que olham a água*.

[77] Cf. Henry Mendras, *op. cit.*

BIBLIOGRAFIA

ALENCAR, Edna. F. *Pescadeiras, companheiras e perigosas* (dissertação de mestrado). Brasília, Universidade de Brasília Departamento de Antropologia, ,1991.

ALMEIDA, Alfredo Wagner P. de. "Terras de preto, terras de santo, terras de índio: posse comunal e conflito". *Humanidades*, 15 (1988), pp. 42-48

ALMEIDA, Roberto A. *O saber camponês* (dissertação de graduação). Brasília, Universidade de Brasília, Departamento de Antropologia, 1988.

ARISTÓTELES. *Política*. Brasília, Editora Universidade de Brasília, 1988.

AZEVEDO, Tales de. *Os italianos no Rio Grande do Sul*. Caxias do Sul, Editora da Universidade de Caxias do Sul, 1994.

BOSERUP, Esther. *The conditions of agricultural growth*. Chicago, Aldine Publishing Co., 1965.

BOURDIEU, Pierre. *Le sens pratique*. Paris, Éditions de Minuit, 1980.

BRANDÃO, Carlos Rodrigues. "Os nomes do trabalho". *Anuário Antropológico 85*. Rio de Janeiro, Edições Tempo Brasileiro, 1986, pp. 107-137.

CARNEIRO, Simone Dantas. *Terra liberta: hábitos alimentares em Ponta do Mato* (dissertação de mestrado). Brasília,Universidade de Brasília, Departamento de Antropologia,1979.

CHAVES, Christine. A. *Festas, política e modernidade no sertão* (dissertação de mestrado). Brasília, Universidade de Brasília, Departamento de Antropologia, 1993.

CHAYANOV, Alexander V. *The theory of peasant economy*. Thorner, D., Kerblay, R. (eds). American Economic Association, Homewood, 1966.

CURRIER, R. L. "The hot-cold syndrome and symbolic balance in mexican and spanish-american folk medicine". *Ethnology*, 5 (1966), pp. 251-263.

DELBOS, Geneviève. "Leaving agriculture, remaining peasant". *Man*, *17*(4), 1982, pp. 747-765.

DOUGLAS, Mary. *Purity and danger: an analisys of concepts of pollution and taboo*. Londres, Routledge & Kegan Paul, 1966.

DUMONT, Louis. *From Mandeville to Marx*. Chicago, Chicago University Press, 1977.

EMBRATER. *Descrição de alguns sistemas de exploração agropecuária na região semi-árida* (mimeo.), 1981.

ESTERCI, Neide. "Roças comunitárias: projetos de transformação e formas de luta". Em N. Esterci (org.), *Cooperativismo e coletivização no campo*. Rio de Janeiro, Marco Zero, 1984.

FORTES, Meyer. *Kinship and the social order*. Londres, Routledge & Kegan Paul, 1970.

FOSTER, George. "Disease etiologies in non-western medical systems". *American Anthropologist*, *78* (4), 1976, pp. 773-782.

__________ "Peasant society and the image of limited good". *American Anthropologist*, 67 (1965), pp. 293-315.

FOSTER, George. e ANDERSON, B. G. *Medical Anthropology*. Nova York, Wiley, 1978.

FRIZZI, M. de los Angeles R. "La agricultura en la época colonial". Em Tereza Rojas Rabiela (org.), *La agricultura en tierras mexicanas desde sus orígenes hasta nuestros dias*. México, Editorial Grijalbo, 1991.

GALESKI, Boguslaw. *Basic concepts of rural sociology*. Manchester, Manchester University Press, 1972.

GALVÃO, Eduardo. *Santos e visagens*. São Paulo, Companhia Editora Nacional, 1951 (Coleção Brasiliana, nº 284).

GARCIA JR., Afrânio. *Sul: caminho do roçado*. Rio de Janeiro-Brasília, Marco Zero-Editora da Universidade de Brasília, 1990.

__________ *Terra de trabalho*. Rio de Janeiro, Paz e Terra, 1983.

GEERTZ, Clifford. *Agricultural involution*. Berkeley, Los Angeles e Londres, University of California Press, 1971.

GODELIER, Maurice. *Racionalidade e irracionalidade na economia*. Rio de Janeiro, Edições Tempo Brasileiro, s/d.

GODÓI, Emília P. *Le travail de la mémoire* (dissertação de DEA). EHESS, Paris, 1988.

GROSS, Daniel. "The great sisal scheme". *Natural History*, march 1971, pp. 48-65.

HEREDIA, Beatriz A. de. *A morada da vida*. Rio de Janeiro, Paz e Terra, 1979.

HOEFLE, Scott W. *Percepção do ambiente e domesticação do espaço no sertão nordestino* (mimeo), s/d.

HORTON, R. "African traditional thought and western science". *Africa*, 37 (1967), pp. 155-187.

INGHAM, J. "On mexican folk medicine". *American Anthropologist*, 72 (1970), pp. 76-87.

LAZCANO, C. R. e SCHARRER TAMM, B. "La agricultura en el siglo XIX". Em Tereza Rojas Rabiela (org.), *La agricultura en tierras mexicanas desde sus orígenes hasta nuestros días*. México, Editorial Grijalbo, 1991.

LEACH, Edmund. *Political systems of highland Burma*. Boston, Beacon Press, 1965.

LEITE LINHARES, Maria Yedda e TEIXEIRA DA SILVA, Francisco Carlos. *História da agricultura brasileira*. São Paulo, Brasiliense, 1981.

LIMA-AYRES, Deborah. M. *The social category caboclo* (tese de doutorado). Cambridge, King's College, Departamento de Antropologia Social, 1992.

LINS E SILVA, Tatiana. *Os curupira foram embora*. Rio de Janeiro, Museu Nacional/UFRJ, Departamento de Antropologia, 1977.

LOCKE, John. *Segundo tratado sobre o governo*. São Paulo, Abril Cultural, 1978.

MARX, Karl. *Le capital*. Paris, Éditions Sociales, 1967.

MATTA, Roberto da. *A casa e a rua*. Rio de Janeiro, Editora Guanabara, 1987.

MAUÉS, Maria Angélica M. *Trabalhadeiras e camarados*. Belém, Editora Universitária — UFPA, 1993.

MCCULLOUGH, J. M. "Human ecology, heat adaptations and belief systems". *Journal of Anthropological Research, 29* (1), 1973, pp. 32-36.

MENDRAS, Henry. *Sociedades camponesas*. Rio de Janeiro, Zahar Editores, 1978.

MORAN, Emilio. "Agricultural development in the transamazonian highway". *Latin American Studies Working Papers*, Bloomington, Indiana University, 1976.

MOURA, Margarida Maria. *Os herdeiros da terra*. São Paulo, Editora Hucitec, 1978.

MUSUMECI, Leonarda. *O mito da terra liberta.* São Paulo, ANPOCS/Vértice, 1988.

NOVIÓN, Martin Alberto Ibañes. *Anátomo-fisiologia popular e alimentação na mulher e no binômio mãe-filho.* Brasília, Universidade de Brasília, Departamento de Ciências Sociais, (mimeo), 1976.

NUNES, M. T. "A ocupação territorial da Vila de Itabaiana: a disputa entre criadores e lavradores". *Anais* do VIII Simpósio Nacional de Professores de História. São Paulo, 1976, pp. 407-420.

PANOFF, F. "Maenge remedies and conceptions of disease". *Ethnology*, 9 (1970), pp. 68-84.

PEIRANO, Marisa. "A reima do peixe". *Pesquisa Antropológica,* nº 21. Brasília, Universidade de Brasília, Departamento de Antropologia, pp. 1-98, s/d.

PINA-CABRAL, João. *Sons of Adam, daughters of Eve.* Oxford, Clarendon Press, 1986.

RATTIER, Hugo. "De campesinos a tecnicos agricolas: conformación de una categoria profesional en el Nordeste de Brasil". Comunicação apresentada à XVª Reunião da Associação Brasileira de Antropologia, grupo de trabalho Antropologia do Campesinato, 1984.

REDFIELD, Roberto. *The little community/Peasant society and culture.* Chicago, Chicago University Press, 1960.

RINALDI MEYER, Dóris. *A terra do santo no mundo dos engenhos.* Rio de Janeiro, Paz e Terra, 1979.

ROJAS RABIELA, Tereza. *La agricultura en tierras mexicanas desde sus orígenes hasta nuestros días.* México, Editorial Grijalbo, 1991.

ROSALDO, Renato. *Ilongot headhunting, 1883-1974.* Stanford, Stanford University Press, 1980.

SÁ, Luís Mourão. *O pão da terra* (dissertação de mestrado). Rio de Janeiro, Museu Nacional/UFRJ, 1975.

SAHLINS, Marshall. *Cultura e razão prática.* Rio de Janeiro, Zahar Editores, 1979.

__________ *Stone age economics.* Londres, Tavistock Publications, 1974.

SANTANA DE ALMEIDA, M. G. "Nota prévia sobre a propriedade canavieira em Sergipe". *Anais* do VIII Simpósio Nacional de Professores de História. São Paulo, 1976, pp. 483-510.

SIGAUD, Lígia. "A nação dos homens". *Anuário Antropológico 78.* Rio de Janeiro, Edições Tempo Brasileiro, 1980, pp. 13-114.

SOARES, Lídia Maria. *O forte e o fraco; o dentro e o fora* (dissertação de graduação). Brasília, Universidade de Brasília, Departamento de Antropologia, 1987.

SOARES CARDEL, Lídia Maria. *Os olhos que olham a água* (dissertação de mestrado). Brasília, Universidade de Brasília, Departamento de Antropologia, 1992.

SUÁREZ, Mireya. *Everlasting golden sertões* (tese de doutorado). Ithaca, Cornell University, 1978.

TAUSSIG, Michael. *The devil and commodity fetishism in South America.* Chapel Hill, The University of North Carolina Press, 1983.

TAVARES DOS SANTOS, José Vicente. *Os colonos do vinho.* São Paulo, Hucitec, 1978.

TEIXEIRA DA SILVA, Francisco Carlos. *Camponeses e criadores na formação social da miséria* (dissertação de mestrado). Rio de

Janeiro, Universidade Federal Fluminense, Departamento de História, 1981.

TEPICHT, Jerzi. *Marxisme et agriculture: le paysan polonais*. Paris, Armand Colin, 1973.

TERRAY, Emmanuel. *Marxism and "primitive societies"*. Londres, Modern Reader, 1972.

VELHO, Octávio G. "O cativeiro da besta-fera". *Religião e Sociedade 14* (1), 1987, pp. 4-27.

WAGLEY, Charles. *Uma comunidade amazônica*. São Paulo, Companhia Editora Nacional, 1976 (Coleção Brasiliana).

WOORTMANN, Ellen F. *Sitiantes e roceiros: a reprodução camponesa num contexto de pecuarização* (dissertação de mestrado). Brasília, Universidade de Brasília, Departamento de Antropologia, 1981.

________________ "O sítio camponês". *Anuário Antropológico 81*. Rio de Janeiro-Fortaleza, Edições Tempo Brasileiro-Edições Universidade Federal do Ceará. 1983, pp. 164-203.

________________ "Da complementaridade à dependência: a mulher e o ambiente em comunidades 'pesqueiras' do Nordeste". *Série Antropologia, 111*. Universidade de Brasília, Departamento de Antropologia,1991.

________________ *Herdeiros, parentes e compadres*. São Paulo-Brasília, Hucitec-Editora Universidade de Brasília, 1995.

WOORTMANN, Klass. "Hábitos e ideologias alimentares em grupos sociais de baixa renda". *Série Antropologia, 20*. Universidade de Brasília, Departamento de Antropologia,1978.

________________ "Com parente não se neguceia". *Anuário Antropológico 87*. Rio de Janeiro, Edições Tempo Brasileiro, 1990, pp. 11-73.

WOORTMANN, K. e WOORTMANN, E. F. "Fuga a três vozes". *Anuário Antropológico 91*. Rio de Janeiro, Edições Tempo Brasileiro, 1993, pp. 89-137.

18,00

GRÁFICA VALCI EDITORA LTDA

Imprimiu:
GRÁFICA VALCI EDITORA LTDA
SIG - Quadra 6 - Lote 2.230
Telefone: 344-1747 - Fax: 344-3025
CGC - 00336024/0001-16